新型工业化·新计算·高质量软件人才培养系列

SOFTWARE ENGINEERING

低代码开发
从原理到实现

陈源龙 郑伟波 孙立新

毛瑞雪 闫舒 陈鄞 王忠杰 高峰

编著

电子工业出版社
Publishing House of Electronics Industry
北京·BEIJING

内 容 简 介

低代码技术广泛应用在企业信息化、移动应用开发、物联网、数字化营销等领域，通过可视化建模工具、模块化组件、自动化部署等功能，使开发人员可以通过简单的拖曳操作设计出相应的工作流程，并对流程进行控制，从而快速开发各种企业信息化系统。本书基于浪潮 inBuilder 低代码平台，主要介绍低代码概念、低代码平台的特性和功能、低代码应用开发基础知识、低代码平台的市场趋势和前景展望等，并给出实际案例，展示如何在浪潮 inBuilder 低代码平台上解决实际问题。本书提供的案例包括业务流程自动化案例、数据库管理案例、移动应用开发案例等。

本书既可以作为高等院校计算机类专业软件开发相关课程的教材，也可以作为低代码技术开发人员的参考书。

图书在版编目（CIP）数据

低代码开发 ：从原理到实现 / 陈源龙等编著.

北京 ：电子工业出版社，2024. 12. -- ISBN 978-7-121-
49591-5

Ⅰ. TP311.52

中国国家版本馆 CIP 数据核字第 2025G85D49 号

责任编辑：刘　瑀

印　　刷：中煤（北京）印务有限公司

装　　订：中煤（北京）印务有限公司

出版发行：电子工业出版社

　　　　　北京市海淀区万寿路 173 信箱　　　　邮编：100036

开　　本：787×1092　1/16　印张：10.75　字数：150 千字

版　　次：2024 年 12 月第 1 版

印　　次：2024 年 12 月第 1 次印刷

定　　价：39.00 元

凡所购买电子工业出版社图书有缺损问题，请向购买书店调换。若书店售缺，请与本社发行部联系，联系及邮购电话：(010) 88254888，88258888。

质量投诉请发邮件至 zlts@phei.com.cn，盗版侵权举报请发邮件至 dbqq@phei.com.cn。

本书咨询联系方式：liuy01@phei.com.cn。

前　　言

随着企业数字化转型的不断深入，快速响应市场变化和业务需求成为企业发展的关键。然而，传统的软件开发模式周期长、成本高，难以满足企业快速变化的需求。低代码平台应运而生，其通过简化开发流程、降低技术门槛，使得企业能够更高效地构建和部署应用系统。浪潮 inBuilder 低代码平台是浪潮企业级 PaaS 平台 iGIX 的三大核心平台之一，它作为业界领先的解决方案之一，凭借其灵活性和高效性，已经在众多企业中得到了广泛应用。本书旨在系统介绍浪潮 inBuilder 低代码平台的技术原理、应用方法和实践案例，进而帮助读者全面掌握低代码开发的精髓。

本书分为三篇，内容涵盖低代码平台整体概念、浪潮 inBuilder 设计与实践以及建设案例与未来展望。

第一篇：低代码平台整体概念

本篇介绍了低代码平台的起源、概念、分类及特性，深入探讨了低代码的能力标准和全场景开发协同、柔性可装配、全面融入云原生、全面用户体验等关键特性。

第二篇：浪潮 inBuilder 设计与实践

本篇详细介绍了浪潮企业级 PaaS 平台 iGIX 和浪潮 inBuilder 低代码平台的核心建模体系，阐述了 inBuilder 的功能构成和关键技术。通过对具体案例（如费用报销管理系统）的实战讲解，展示了从规划、建模、业务逻辑开发到页面建模、工作流设计的全过程。

第三篇：建设案例与未来展望

本篇通过实际行业应用案例，如东方电气和广州自来水的建设案例，展示了低代码平台在实际应用中的效果与创新，并展望了低代码开发平台的未来发展趋势。

编写特色

（1）系统性与实用性结合：全书包含从低代码平台的基本概念到实际应用的全部内容，系统全面，既有理论阐述，又有实践操作，能够帮助读者全面理解和掌握低代码开发。

（2）丰富的案例教学：通过具体案例详细讲解了开发过程中的各个环节，提供了具备可操作性的指导，增强了读者的实际操作能力。

（3）前沿技术展望：结合行业发展趋势，探讨低代码技术的未来发展方向，启发读者思考和探索新的技术应用。

配套资源

为了更好地辅助读者学习和实践，本书配套提供了丰富的在线资源，包括：

（1）相关代码示例和模板；

（2）视频教程和操作演示；

（3）习题和实践项目。

读者可以通过访问华信教育资源网，获取这些资源进行自主学习和深入研究。

本书的编写得到了浪潮集团相关部门和专家的大力支持与帮助，在此表示衷心的感谢。同时，感谢所有参与本书编写和审阅的同仁们，感谢他们的辛勤付出和专业贡献。特别感谢各位读者的关注和支持，希望本书能为读者在低代码开发领域提供有价值的参考和指导。

祝愿读者们在低代码开发的学习和实践中取得丰硕的成果，推动企业数字化转型迈上新的台阶。

编　者

目　　录

第一篇　低代码平台整体概念

第二篇　浪潮 inBuilder 设计与实践

第三篇　建设案例与未来展望

第一篇 低代码平台整体概念

第1章　低代码平台概述

1.1　低代码的起源

自 1946 年第一台电子计算机问世，第一代计算机语言便诞生了，也就是机器语言。它通常由数字 0 和 1 组成，可以被计算机直接识别。但使用这类语言编程时，不仅需要记住庞大的指令集，还极容易出错，因此只有极少量专业人员能够掌握。为进一步方便学习和使用，汇编语言应运而生。作为第二代计算机语言，汇编语言采用助记符来帮助用户编写程序，其可被汇编程序翻译成目标程序并执行，在一定程度上简化了编程过程，相比机器语言的二进制编码更为方便。

不论是机器语言还是汇编语言，二者都是偏向于机器底层的编程模式。由于其面向硬件执行具体操作，所以导致语言对机器过分依赖，因此要求开发者必须对计算机硬件结构及工作原理都十分熟悉。对于非专业人员来说，这是难以做到的。

随着计算机事业的发展，软件产品的应用领域和范围逐渐覆盖了生活中的各行各业，机器语言和汇编语言越来越难以满足软件生产的需求，落后的软件生产方式也无法满足迅速增长的计算机软件需求，从而导致在软件开发与维护过程中出现了一系列严重问题，因此人们亟需一种学习成本更低廉、开发效率更高的计算机语言。

第三代计算机语言（高级语言）与人类自然语言接近，其规则明确、通用易学，更容易被人们理解，并且能够被计算机接受。高级语言从 20 世纪 50 年代中期到 20 世纪 70 年代快速发展，它容易学习、通用性强，编写出的程序比较短，便于推广和交流，是一种很理想的程序设计语言。

由低代码平台可以追溯到第四代计算机语言。20 世纪 80 年代，计算机科学理论已逐步发展成熟，不少高级程序设计语言都逐渐开发完善。这时，编程界推出了"结构化语言"，即以功能指令为单位，把相应的代码封装好。当程序员要运行某个功能时，只需发出指令，计算机就知道其要运行的对应代码。从那时起，软件厂商的广告和产品介绍中逐渐开始出现关于第四代计算机语言的内容。第四代计算机语言被认为是非常高级的编程语言，它的设计和开发旨在减少开发不同类型软件应用程序所需的时间、成本和工作量，从而极大提高程序员的生产效率。

2000 年，在第四代计算机语言的基础上，衍生出了 VPL（Visual Programming Language，可视化编程语言）。VPL 把系统运行的过程以更视觉化的方式呈现出来，如图标、表格、图表等形态。

计算机语言的发展趋势，如图 1-1 所示。随着高级语言不断发展成熟以及国内外计算机人才的规模逐渐扩大，迎来了传统软件和 SaaS 软件兴起的时代，从 2010 年到 2015 年，软件市场规模稳步增长。在这一时期，编程人员承接了许多功能相近、重复度很高的软件开发项目，导致大部分的软件开发成本都浪费在对重复功能的开发上。

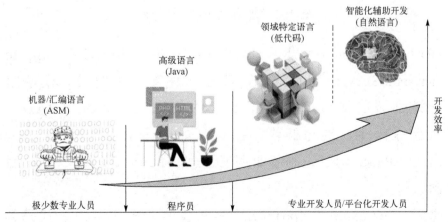

图 1-1　计算机语言发展趋势

"低代码"一词来源于 2014 年 Forrester 的市场研究报告《面向客户的应用程序的新开发平台出现》。其实，该术语最早出现在 2011 年 Forrester 有关应用程序新生产力平台的报告中，只是 2013 年之前 Forrester 主要关注工作流领域，之后才专注于"加快面向客户的应用程序的开发"相关领域，这也是 Forrester 的研究员通过"低代码"一词想表达的真实含义。低代码的发展趋势如图 1-2 所示。

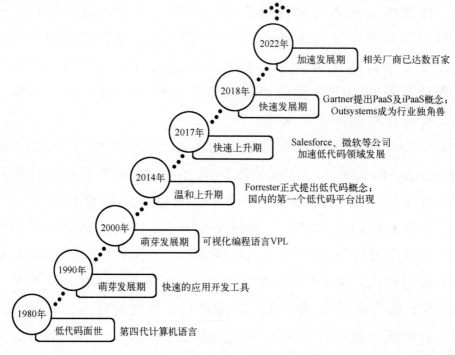

图 1-2 低代码的发展趋势

2017 年，Gartner 提出了 HpaPaaS（High-productivity application Platform as a Service）的概念，其是一种支持声明式、模型驱动设计和一键部署的平台，提供了云上的快速应用开发（RAD）、部署和运行等特性，这与低代码的定义如出一辙。2018 年，Gartner 又提出了 aPaaS（应用平台即服务）和 iPaaS（集成平台即服务）的概念。

此后，Forrester 和 Gartner 这两个著名的机构围绕低代码领域相继发表了不少颇具影响力的文章，对该领域的发展做了详细分析和深入解读，从而使得"低代码"迅速进入公众、企业和资本的视野。

2020 年，许多企业暴露出在数字化方面落后的问题。为了维持业务运作，同时满足员工和客户的需求，启动数字化专项改造工作已迫在眉睫。随着软件需求的急速增长，通过硬编码方式开发的软件产品在生产效率和软件质量上逐渐形成了瓶颈。2020 年，Gartner 更新并发布了针对企业级低代码平台的关键能力报告《企业低代码应用平台的关键功能》。在该报告中，Gartner 预测 2021 年市场对于应用开发的需求将是 IT 公司产能的 5 倍，低代码技术作为更先进的生产力，成为该问题唯一的解决方案；到 2021 年，中国会逐步形成完整的产品生态系统。

同时，Gartner 预测，未来四分之三的大企业将会使用至少 4 种低代码平台，实现对信息化应用的开发。届时，65%的应用开发将会通过低代码来完成。对于企业而言，除了提高开发效率、节约信息化的成本，低代码平台还能大幅提升企业数字化转型的速度。预计到 2025 年，70%的新应用将由低代码/无代码技术来完成。

1.2　什么是低代码

1.2.1　低代码的概念

2014 年，著名的研究机构 Forrester 正式提出低代码概念，如图 1-3 所示，并投身于对该技术的研究当中。其将低代码定义为：只需用很少甚至几乎不需要代码就可以快速开发出系统，并可以对其进行快速配置和部署的一种技术和工具。

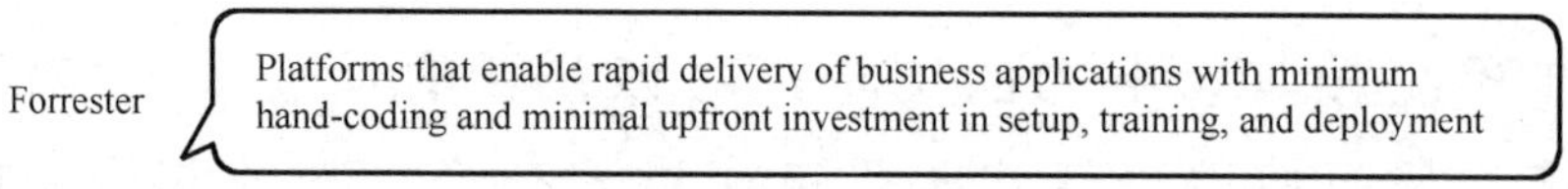

| Forrester | Platforms that enable rapid delivery of business applications with minimum hand-coding and minimal upfront investment in setup, training, and deployment |

图 1-3　低代码概念

低代码技术是一种高度基于业务模型驱动开发（Model-Driven Development，MDD）的快速开发技术，其使用高度抽象的领域业务模型作为构件，完成对代码的转换或实现各种模型驱动引擎的配置支撑，从而降低开发成本，应对复杂的需求变更。其基本思想是让开发的重心从编程转移到高级别抽象中去，通过将模型转成代码或其他构件来驱动部分或全部应用的自动化开发。同时，针对模型产物提炼出抽象化的描述，这种描述称为领域特定语言（Domain-Specific Language，DSL）。

低代码能够让不懂代码的人，通过"拖曳"的方式开发组件，并完成应用搭建。借助低代码模型，开发者无须进行编码即可完成常用的业务系统功能，同时，通过少量编码便可扩展更多功能。

相比传统的软件开发工具和技术，低代码技术门槛更低，开发效率更高；相比其他快速开发工具，低代码扩展性更好，可满足企业核心业务系统的开发需求。

1.2.2　纯代码、低代码、无代码的区别与联系

纯代码，更常见的说法是专业代码（Pro-Code）或定制代码（Custom-Code），是指传统的以代码为中心（Code-Centric）的开发模式。

无代码（No-Code），也称作零代码（Zero-Code），其面向的是全民开发者，是指不用代码就能实现应用搭建的开发模式。

通常，低代码被认为是更加易用的应用搭建系统，而无代码是图形化和可视化编程平台，它们都实现了对局部和过程的优化。更

进一步来讲，我们可以把低代码和无代码视为一个方法的两个阶段，其阶段性的目标是实现人机协同，即以软件工程的统一视角定义、分析和解决问题。

纯代码、低代码、无代码是一种递进式的发展关系，其中，低代码和无代码属于"人机协同编程"的两个阶段，如果低代码是阶段一，那么无代码则是阶段二，它们分别对应"人机协作"和"人机协同"。纯代码、低代码和无代码之间的异同对比，如图 1-4 所示。

维度	纯代码	低代码	无代码
面向企业	业务完备、IT能力自给自足	业务能力中等，IT系统需要快速完善	非核心产品业务构建，普适性要求高
适用人群范围	★☆☆☆☆	★☆☆☆☆	★★★★★
技术难度	★★★★★	★★★☆☆	★★☆☆☆
定制/二次开发能力	★★★★★	★★★☆☆	★★☆☆☆
应用场景	★★★★★	★★★☆☆	★★★☆☆
应用深度	★★★★★	★★★★☆	★★☆☆☆
开发效率	★★☆☆☆	★★★☆☆	★★★★☆

图 1-4　纯代码、低代码、无代码之间的异同对比

1.3　什么是低代码平台

低代码平台的英文全称为 Low-Code Development Platform（LCDP），其基于经典的可视化和模型驱动理念，结合了最新的云原生与多端体验技术。一方面，低代码平台能够在合适的业务场景

下，实现大幅度的提效降本；另一方面，其为专业开发者提供了一种全新的高生产力开发范式（Paradigm Shift）。

低代码平台本身也是一种软件，但它为开发者提供了一个创建应用软件的开发环境。与传统代码的 IDE 不同的是，低代码平台提供的是更高维和易用的可视化 IDE。

本书介绍的浪潮 inBuilder 低代码平台（以下简称浪潮 inBuilder），采用云原生架构，基于容器技术进行构建，支持资源弹性伸缩及多云部署。其融合了人工智能、物联网、移动、DevOps、IPv6 等技术，秉承开源开放原则，为企业提供了集开发、扩展、运行、集成、运维于一体的技术支撑平台。

浪潮 inBuilder 基于可视化和模型驱动理念，结合云原生与多端体验技术，在多数业务场景下能够实现大幅度的提效降本，为专业开发者提供了一种全新的生产力开发范式。低代码平台具备面向全开发角色、全场景应用、全生命周期及全部署模式的全栈开发特点，能够实现业务应用的快速交付，进而降低业务应用的开发成本。

1.4 低代码平台分类

《2022 年中国低代码厂商发展白皮书》从产品、品牌、生态三个维度提出了明确的低代码选型要素。通过以上三个维度对低代码厂商进行评价，能够帮助企业根据自身需求进行低代码厂商的选型。

首先，从产品评价维度来看，产品能力主要用来评价低代码产品自身功能的全面性、丰富度和灵活性以及是否能够匹配当前市场对于应用开发和新场景迭代的需求。通常，功能全面、具备一体化开发平台能力、支持多种部署模式、应用场景丰富且拥有强大数据分析能力的产品更具优势。

其次，从品牌评价维度来看，背景雄厚、资金链充裕、客户认可度高的厂商更受市场欢迎。除此之外，还可以从品牌知名度、服务客户数量、产品上市时长等方面对品牌影响力进行考量。

最后，从生态评价维度看，同时具备内部资源链接能力和外部合作伙伴链接能力，能够让客户和合作伙伴共同成长的厂商更具生态发展优势。内部资源链接能力主要是指利用内部资源链接客户、流量和基础资源以及底层接口的能力；外部合作伙伴链接能力主要是指吸引合作伙伴加入平台生态并持续扩大资源池及平台影响力的能力。

1.4.1　按使用者分类

从使用者的需求角度来看，低代码平台可划分为 4 种类型，分别是：场景应用型、产品研发型、平台生态型和技术赋能型，这 4 种类型的平台在核心能力方面有所差异。其中，场景应用型的使用需求最高，占比达 45.7%；其次是产品研发型，其占比为 37%；再次是平台生态型，占比达 15.7%；最后是技术赋能型，占比为 1.6%。

场景应用型平台注重业务场景和流程管理，以满足业务场景应用开发为主，所开发的应用侧重于自用。

产品研发型平台注重服务能力和行业应用，以满足复杂的软件产品或解决方案开发为主，所开发的应用侧重于他用。

平台生态型平台关注生态体系的建设是否依托低代码平台，致力于为客户提供一站式的应用开发或产品服务。

技术赋能型平台关注数据模型和开发工具，以提供人工智能算法、区块链等先进技术插件为主，致力于降低先进技术的应用门槛。

1.4.2　按平台模式分类

按平台模式可将低代码平台分为两种类型，即 SaaS（租用服务型）

类型和 PaaS（平台型）类型。因 PaaS 类型采取的是私有化的部署方式，数据存储在本地服务器上，所以安全性更有保障；而且在 PaaS 类型下，用户可以按照自身需求为系统自定义加载功能控件，因此系统的灵活度和拓展性会更高。所以，PaaS 类型的低代码平台会比 SaaS 类型的平台的适用性更强。

1.4.3　按驱动分类

按照驱动可大致将低代码平台划分成流程驱动型、表单驱动型和模型驱动型三种类型。流程驱动型以流程为主线，优先设计流程，并在不同流程节点关联不同的表单，从而完成整个业务逻辑；表单驱动型以表单设计为主，流程设计为辅；模型驱动型的开发者对数据库拥有完全的控制权，该类型平台的前后端逻辑设计非常灵活，使开发者不需要编写代码就能完成所有开发工作。

1.4.4　按产品能力分类

中国信息通信研究院编制的《2022 年低代码发展白皮书》根据低代码的产品能力将低代码平台分为三类，分别是：普适发展型、领域服务型和产品研发型。

普适发展型：提供业务解耦后的共性功能提取和封装服务，并结合代码开发功能实现简单的定制化业务需求。其适用于通用型应用和系统的开发，能够灵活响应快速变化的业务需求。普适发展型平台的组合开发模式大幅降低了开发技术的门槛，是引导全民开发的中坚力量，支撑起不同阶段的企业数字化战略，助力业务场景转型方案落地，加快企业数字化转型。

领域服务型：深度挖掘业务场景，提炼领域共性特征，提供了高度完善的可视化业务设计、开发和运维服务，并通过代码开发完善了领域业务开发能力。其适用于领域内应用和系统的开发，通过结合领域生态能力，形成了完备的领域业务开发体系，能够满足各行业、各领域的业务场景落地和业务需求敏捷响应的要求，从而提高企业核心竞争力，并推动企业高质量发展。

产品研发型：提供一定的可视化辅助研发能力或服务。其适用于开发复杂的业务逻辑，以响应大型软件或系统的需求，进而实现统一管理、统一建设、统一运维等生态目标。其以简易可视化能力为辅助，减少了重复性基础搭建工作，降低了时间和技术成本，大幅提升了企业自主开发效率。

现有的三类低代码平台的产品能力定位图如图 1-5 所示。在现有分类的基础上，人们进一步提出了创新先驱型平台的概念。创新先驱型平台应具备高度完善的可视化能力以及高度开放的定制化能力，在赋能一线业务人员和开发者完成全链路打通的基础上，能够实现对新领域、新业务模式的探索，并作为领域探索和技术创新的实践先驱，打造领先竞争力，引领业界发展。创新先驱型平台是低代码产品发展的领军者。

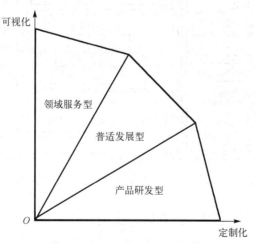

图 1-5　低代码平台产品能力定位图

1.5 低代码能力标准

由中国信息通信研究院牵头，联合浙江移动、浩鲸科技、腾讯、浪潮、网易、嘉为、优锘、建设银行、联通软件研究院等企业共同编制的《低代码/无代码开发平台通用能力要求》于 2021 年 7 月 28 日发布，其主要内容如图 1-6 所示，该标准从四大能力域的角度，提出了低代码/无代码平台的技术规范和通用能力要求。四大能力域包括功能完备性、平台开放度、平台易用性和平台安全性。该标准可用于指导企业用户建设和选择低代码/无代码平台产品中的技术规范和通用能力要求。

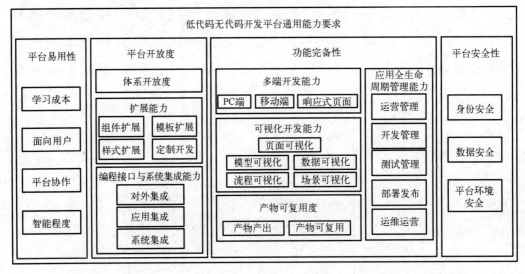

图 1-6 《低代码/无代码开发平台通用能力要求》主要内容

平台易用性：包括学习成本、面向用户、平台协作及智能程度等。

平台开放度：包括体系开放度，组件扩展、模板扩展、样式扩展、定制开发等扩展能力，以及对外集成、应用集成、系统集成等编程接口与系统集成能力。

功能完备性：包括 PC 端、移动端及响应式页面等多端开发能力，页面可视化、模型可视化、数据可视化、流程可视化及场景可视化等可视化开发能力，产物可复用度，以及运营管理、开发管理、测试管理、部署发布和运维运营等应用全生命周期管理能力。

平台安全性：包括身份安全、数据安全及平台环境安全。

1.6　低代码平台特性

1.6.1　全场景开发协同

1．分角色的开发工具

通常，开发者和业务人员的思维方式有所不同。开发者的思维方式是技术思维，重点关注系统的内部构成，善于从系统内向外看；而业务人员的思维方式是业务思维，其不会过度关注内部构造，更关注界面和交互，善于由外向内看。因此，面向不同群体的差异性需求，需要拆分低代码和无代码，使其面向不同人群，满足他们对工具的差异性需求。

在全场景开发协同中，技术专家和业务专家使用不同的工具进行开发的示意图，反映了低代码和无代码平台在现代开发中的重要作用。如图 1-7 所示，在一个典型的企业应用开发场景中，技术专家和业务专家扮演着不同但互补的角色。

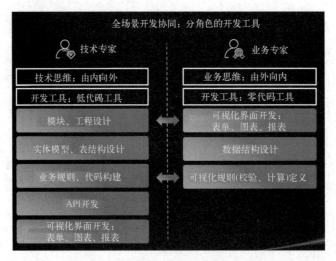

图 1-7　分角色的开发工具

技术专家的角色和工具：技术专家主要负责系统的内部技术实现。他们的思维是"由内向外"，即从技术角度出发，逐步实现系统的功能和架构。他们使用低代码工具进行开发，这种工具能够减少传统编程所需的代码量，提高开发效率。

技术专家的具体职责包括：

（1）模块、工程设计：技术专家设计系统的模块化结构，并确保各个模块既能独立开发和维护，又能相互协作。

（2）实体模型、表结构设计：他们设计数据库的实体模型和表结构，以确保数据的存储和访问高效且可靠。

（3）业务规则、代码构建：他们编写复杂的业务逻辑和代码组件，以保证系统能按预期进行运作。

（4）API 开发：技术专家开发和维护系统的 API，使不同系统之间能够无缝通信。

（5）可视化界面开发：虽然主要由业务专家负责，但是技术专家也参与设计和实现一些需要复杂逻辑的可视化界面，如表单、图表和报表等。

业务专家的角色和工具：业务专家专注于从业务需求出发，以确保系统能够满足实际业务的需求。他们的思维是"由外向内",即从用户和业务需求角度出发进行设计。他们使用无代码工具进行开发,这种工具使开发者无须编写代码,使非技术人员也能参与系统开发。

业务专家的具体职责包括:

(1)可视化界面开发:业务专家使用无代码工具创建和管理业务应用中的可视化界面,如表单、图表和报表等,这些界面是业务运行的直接表现。

(2)数据结构设计:他们设计和管理与业务相关的数据结构,以确保数据的组织方式符合业务需求。

(3)可视化规则定义:业务专家定义并应用可视化规则,如数据校验和计算逻辑等,以确保数据的准确性和业务流程的正确性。

在实际开发过程中,技术专家和业务专家通过低代码和无代码工具实现协同工作。技术专家提供坚实的技术基础,以确保系统的性能和可靠性;业务专家则负责确保系统能够准确反映业务的需求和流程。两者之间的合作用图 1-7 中间的箭头表示,表明他们在各自领域内相互配合,共同完成系统的开发和维护。

这种分工协作的方式不仅提高了开发效率,还确保了系统能够兼顾技术深度和业务需求,使企业能够更快地响应市场变化和业务需求变更。低代码和无代码平台是这种协同开发的关键工具,它们简化了开发过程,使不同背景的专业人员都能高效参与到系统开发中。

2. 分场景开发协同

在场景出现之前的业务世界里,我们习惯于用 ERP 的语言和思维体系进行资源管理。但是随着社会的不断进步,ERP 的奠基石"物料"不再是资源的中心,这个体系便显得苍白和乏力。作为"物料、信息、资金、时间"这个平行资源结构中的一员,时间逐步成为企业资源的中心。在未来的实际场景下,多个组织的协同最容易造成时间上的浪费,相比之下,只有财务指标意义的"物料",显得有些微不足道。

因此，一个成熟的低代码平台，必须具备分场景的协同能力。低代码作为软件开发工具之一，可覆盖制造业、金融、医疗、房地产、零售、餐饮、航空等行业的不同应用场景。根据场景类型和复杂性，低代码的应用大致可分为四类，即简单应用、定制化应用、核心应用和创新型应用。对于不同的开发者的需求特征，低代码平台可以有针对性地提供不同的应用开发模式和工具，以便支撑企业各种类型的应用开发，实现底层架构通过一套模型就可以贯通，从而使不同的开发者可以无缝协作。

图 1-8 展示了低代码平台在全场景开发协同中的关键作用，强调通过统一的开发框架和模型体系，构建一体化研发生态，从而支持各种企业应用场景。以下是对图 1-8 的详细说明以及低代码平台如何支持全场景开发协同的解释。

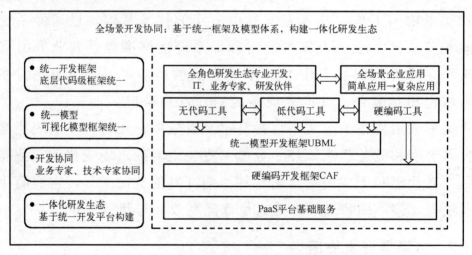

图 1-8　全场景开发协同

全场景开发协同的核心要素包含以下几部分：

（1）统一开发框架：底层代码级框架的统一（如 UBML、CAF），确保了低代码平台在不同开发工具之间的一致性，使得技术专家和业务专家能够在同一基础上进行开发，避免了技术栈不兼容的问题。

（2）统一模型：可视化模型框架的统一，使得技术专家和业务专家能够在同一个平台上进行协同工作。统一模型开发框架 UBML 使得业务需求可以直观地被转化为技术实现，提升了开发效率和准确性。

（3）开发协同：技术专家和业务专家的协同工作是非常关键的。技术专家使用低代码工具进行模块设计、工程设计和业务规则实现；业务专家使用无代码工具快速创建和调整业务应用，如可视化界面和数据结构等。

（4）一体化研发生态：通过 PaaS 平台基础服务，实现从开发到部署的一体化生态系统。低代码平台提供了各种开发工具（包括无代码工具、低代码工具、硬编码工具），并且有统一的开发框架支持，能够确保各环节紧密衔接。

全场景企业应用涵盖了从简单到复杂的各种业务需求，具体包括：

（1）简单应用：如数据录入表单、基础业务报表等。这些应用通过无代码工具由业务专家快速创建和维护，无须编写代码，能够满足日常业务操作需求。

（2）复杂应用：如企业资源规划（ERP）、客户关系管理（CRM）系统等。这些应用涉及复杂的业务逻辑和大规模的数据处理，需要技术专家使用低代码工具甚至硬编码工具进行开发，以确保系统的性能和稳定性。

全场景开发协同的具体应用场景包括以下三种。

（1）企业内部管理系统：在企业内部管理系统中，业务部门需要快速创建用于数据采集和分析的报表，因此业务专家使用无代码工具，通过简单的组件拖曳，创建所需的报表和表单，无须编写代码；而技术专家则使用低代码工具开发复杂的数据处理逻辑和 API 接口，以确保报表数据的准确性和实时性。

（2）CRM 系统：CRM 系统需要复杂的数据管理和业务逻辑。技术专家使用低代码工具设计系统的核心模块，如客户信息管理、销售流程跟踪等；而业务专家则通过无代码工具创建客户互动记录、销售报表等前端界面，从而方便业务人员使用和维护。这种协作方式确保了系统的复杂业务逻辑和用户友好的操作界面。

（3）ERP系统：ERP系统涵盖了企业的生产、供应链、财务等多个模块，开发难度大且需要高度的协作。技术专家负责核心模块的设计和实现，以确保系统的稳定性和性能；而业务专家使用无代码工具配置各模块的业务规则和报表，实现对业务流程的精细管理。这种分工协作方式使得ERP系统既能满足复杂的业务需求，又能快速响应业务的变化。

通过统一的开发框架（UBML、CAF等）和一体化研发生态（PaaS平台基础服务），低代码平台能够有效地支持全场景开发并具备以下特性：

（1）平台统一：统一的开发环境确保业务专家和技术专家在同一平台上协同工作。

（2）工具多样：无代码工具和低代码工具结合，使得不同技术背景的人员都能高效参与开发。

（3）快速迭代：通过简化的开发流程和统一的模型框架，快速地响应业务需求，实现高效的系统迭代和优化。

（4）高效协同：技术专家和业务专家通过统一的工具和平台，实现从需求到实现的无缝衔接，提高开发效率和系统质量。

图1-8展示了全场景开发协同的理念，即通过统一框架和模型体系，结合低代码和无代码工具，构建一体化的研发生态。这种模式不仅提高了开发效率，还确保了系统的稳定性和业务需求的准确实现。低代码平台在全场景开发协同中发挥了关键作用，使得企业能够快速响应市场变化，满足多样化的业务需求。

1.6.2 柔性可装配

1.6.2.1 柔性可装配概念

在企业数字化转型的大背景下，组装式应用成为重要的战略趋势之一。组装式应用可以理解为是一种技术理念，其倡导的是任何企业的数字化技术元素均可被组合。在 Gartner 2021 年提出的新型技术成熟度曲线中，组装式应用被认为是能在 2～5 年发展到成熟程度的六种关键技术之一。低代码平台或者无代码平台则是依照组装式应用的思想实现的一种具体的产品应用。如果组装式应用是海，那么低代码平台就是海中的一条鱼。低代码平台可以让人们使用可视化的界面通过对鼠标的拖曳和配置项的补充很容易地开发出想要的应用，并通过组装高效快速地实现应用的迭代更新和生产。

图 1-9 展示了低代码平台的"柔性可装配"的概念。柔性可装配指的是系统各层能够灵活组合和配置，以满足不同的业务需求。这种灵活性主要体现在前端、API 层、领域服务层和持久化层四个层次。

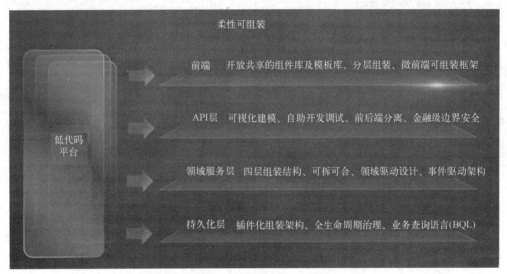

图 1-9　柔性可装配

1．前端

特性：开放共享的组件库及模块库、分层组装、微前端可组装框架。

解释：前端部分通过提供丰富的组件库和模块库，使得开发者可以根据需要灵活地组装和配置前端界面。分层组装和微前端可组装框架允许开发者对前端模块进行独立开发和部署，进而提高系统的可维护性和扩展性。

2．API 层

特性：可视化建模、自助开发调试、前后端分离、金融级边界安全。

解释：API 层通过可视化工具使得开发者可以直观地创建和管理 API，同时支持自助开发调试。前后端分离确保了前端和后端的独立性，金融级边界安全措施保障了系统的安全性。

3．领域服务层

特性：四层组装结构、可拆可合、领域驱动设计、事件驱动架构。

解释：领域服务层采用四层组装结构，使得服务可以灵活地组合和拆分。领域驱动设计（DDD）和事件驱动架构（EDA）支持对复杂业务逻辑的实现和解耦，提高了系统的灵活性和响应能力。

4．持久化层

特性：插件化组装架构、全生命周期治理、业务查询语言（BQL）。

解释：持久化层采用插件化组装架构，使开发者可以根据业务需求灵活配置数据存储。全生命周期治理确保了对数据从创建到销毁的全程管理，业务查询语言（BQL）引擎提供了强大的数据查询和处理能力。

1.6.2.2　柔性可装配支持

低代码平台通过以下方式支持柔性可装配。

1．组件化设计

低代码平台提供丰富的预构建组件和模块，使开发者可以根据业务需求对它们进行自由组合和配置。这种组件化设计使得前端和后端都可以被灵活定制，以适应不同的应用场景。

2．可视化开发工具

低代码平台的可视化开发工具允许开发者通过拖曳和配置来创建复杂的业务逻辑和界面，而无须深入编写代码。这种方式不仅提高了开发效率，还确保了开发过程的可视性和可控性。

3．领域驱动设计和事件驱动架构

低代码平台支持领域驱动设计和事件驱动架构，使得系统能够更好地处理复杂的业务逻辑，并能够灵活地响应业务变化。事件驱动架构使得服务可以被独立开发、测试和部署，增强了系统的可维护性和扩展性。

4．安全和治理

低代码平台提供了金融级边界安全措施和全生命周期治理能力，以确保系统在灵活性和安全性之间取得平衡。通过业务查询语言引擎增强了数据的可操作性和可查询能力，使得系统能够高效地处理和利用数据。

1.6.2.3　柔性可装配应用

低代码平台的柔性可装备特性可以体现在以下三个具体应用场景中。

1．企业门户网站

在开发企业门户网站时，低代码平台可以通过前端组件库和微前端框架，快速构建和部署不同的页面和功能模块。同时，API层通过可视化建模和自助调试工具，使得前后端开发可以并行进行，提高了开发效率。而领域服务层的事件驱动架构则确保了用户行为和后台服务的解耦，使得系统能够灵活地响应用户请求。

2．数据驱动的营销平台

数据驱动的营销平台需要处理大量的用户数据和行为数据。低代码平台的持久化层通过插件化组装架构，可以灵活地配置数据存储方案，并通过业务查询语言引擎高效地处理和查询数据。领域服务层的领域驱动设计使得营销规则和策略可以被灵活地定义和调整，以确保平台能够快速适应市场变化。

3．金融风险管理系统

金融风险管理系统需要具备高安全性同时存在复杂的业务逻辑。低代码平台不仅提供金融级的边界安全措施，以确保系统的安全性。而且通过领域服务层的事件驱动架构，可以实时地处理风险事件并响应变化。API层的前后端分离设计，则使得系统可以灵活扩展和维护。

基于低代码平台的柔性可装配理念，通过前端、API层、领域服务层和持久化层的灵活组合和配置，实现了系统的高可定制性和扩展性。同时，低代码平台通过组件化设计、可视化开发工具、领域驱动设计和事件驱动架构以及安全和治理机制，全面支持对这种柔性可装配的实现，使得企业能够快速响应业务需求和市场变化。

组装式应用的低代码平台具有以下优势：

● 上手快：低代码或无代码的特征，无疑会大大降低编程语言的学习难度，尤其是对于无代码平台来说，完全不懂程序语言的业务人员也可以用它进行快速学习和应用开发。

- 开发快：由于使用大量的组件和封装的接口进行开发，同时集成云计算的 IaaS 和 PaaS 层能力，因此开发效率大幅提升。业界普遍认为低代码平台能够提升 30%以上的开发效率，而无代码平台则能够大幅提升开发效率并大幅降低开发成本。

- 运行快：这是一个相对概念，总体来说，由于低代码或无代码平台使用自动的方式生成（编译成）可执行代码，因此代码的整体质量优于业界平均水平；并且相对来说，出错（Bug）的情况更加可控，代码的安全性也更高。

- 运维快：一般低代码或无代码平台，由于采用组件形式并且面向对象进行开发，因此代码的结构化程度更高，通常来说更容易维护。

1.6.3　全面融入云原生

　　数字化浪潮下，随着市场需求的升级以及企业云上应用的普及，云技术与各行各业正在走向深度融合的新阶段。云原生，作为业务快速变化催生出来的技术体系，其发展势头迅猛，不仅成功应用到千行百业，还成为企业构建信息化平台、搭建应用框架的首选。如何实现云原生，并助力企业快速推进数字化转型，是业内的热门话题。

　　云原生是构建和运用应用程序的一种方法。它是一个组合词，"云"表示应用程序位于云上，而不是传统的数据中心上，"原生"表示应用程序设计于云的环境中，并充分利用和发挥了云平台的弹性和分布式优势。因此，云原生指产品设计、定义、架构乃至整个思维模式完全"云化"。

　　随着云原生的发展，其吸引了不少厂商入局。据了解，目前绝大部分厂商提供的是容器、微服务、存储、声明式 API、服务网格

（Service Mesh）、DevOps 等几种主流技术。目前，云原生技术已经成为企业数字化转型的主流技术，而开放共享、自主可控也成为企业技术选型的关键性要求。微服务、容器化、DevOps、持续交付是云原生的四大要素，以自动化的方式提升开发和运维效率是云原生的主要目标。

如何构建应用，是云原生的关键所在。按照云原生的方法论，在架构设计、开发方式、部署维护等方面的各个阶段都需要基于云的特点，创建云原生应用。比如，采用以网络为中心的 Go、Node.js 等新兴语言编写应用；依赖抽象的基础架构，获得良好的移植性；基于微服务架构，纵向划分服务，进而实现模块化开发等。

在实际操作中，除了清晰、稳定、易用（易于拓展、维护），用户对开发软件还有了更大的诉求，即希望开发工作变简单。程序员希望可以编写更少的代码，而非专业人员希望拥有自主开发的能力。于是，编程领域涌现出不少新的编程技术和编程思想，比如库、组件、云基础设施等。其中，低代码被认为是开发领域中必不可少的提升效率的工具。那么，对于企业来说，怎么做才能将云原生落地到具体的业务场景中呢？低代码开发作为企业数字化转型的重要引擎，能否与云原生很好地融合，为企业发展开辟新境界呢？

为了解决这个问题，国内主流低代码厂商依据云原生的设计理念，采用模型即代码的设计模式，保证低代码开发与原生开发一致，并全部生成模型源代码文件，同时保证配置管理和依赖管理完全采用主流开源软件。在研发流水线方面，内存集成主流的 DevOps 工具链；在运行方面，全面融合主流的开源框架。通过"生成+解析"混合型开发模式，开放技术栈，使其兼容并蓄。

1.6.4 全面用户体验

长期以来，传统的开发工具和开发模式，制约了企业的灵活性和发展速度。低代码平台的出现，提供了大量标准化应用模板，可以让企业以最低成本接入应用，并实现迅速迭代，这对企业绝对是巨大的吸引。

低代码作为一项全新的、备受瞩目的软件开发工具，提供了除传统编码开发方式以外的技术选项。在 2021 年，其市场规模急速增长，逐渐成为众多企业在数字化转型升级中的重要手段。

随着客户对于优化体验的追求不断提高，低代码将被广泛用于应用开发之外的领域，如客户体验设计、智能工作流程自动化等。

有研究表明，某大型金融机构进行大规模自动化转型后，对 60%～70%的传统工作进行了自动化改造，可提高 30%以上的年运行效率。Gartner 预测，到 2025 年全球超级自动化市场规模将达到 8600 亿美元，年复合增长率为 12.3%。

通过对头部企业的研究发现，AI、物联网、数据接口集成、数据分析将是它们在未来普遍重点关注的技术领域，并致力于将其应用到低代码平台中。这一发现有必要引起所有低代码厂商的注意。

1．AI 打造个性化新体验

个性化是千行百业适应竞争的必要手段，但由于客户的偏好和适应场景在不断地发展和演变之中，这对于开发应用程序的挑战是巨大和空前的。应用程序一方面需要保持稳定、准确和安全，另一方面要保持个性偏好和灵活，因此，应用程序需要通过智能化的技术和手段来实现。

经过多年发展，AI 产业链已经逐渐从萌芽走向成熟，其分工较为明确，主要分为算力、算法、软件、硬件、解决方案等。因此，我们非常普遍地看到图像识别、语音识别、自动分析等常见的 AI 服务爆发式地融合到了企业的各种场景之中。此外，智能化技术还帮助企业完成了营销文案、发送信息、Logo 设计、回答问题等工作。AI 服务在进一步提升企业信息化水平的同时，提高了工作效率，增强了客户的个性化体验。

但是,企业期待的通过完全"傻瓜式"的方法来开发顺应自己需求的软件并不容易实现。想要通过对现有系统做二次开发来将 AI 服务接入,需要开发者具备较强的编程能力,而且开发成本和周期也让人望而却步。

因此,在软件系统、硬件系统和网络系统日益复杂的今天,客户对"开箱即用型"API 的要求变得越来越普遍,毕竟易用性是衡量客户体验的重要因素之一。如果借助低代码平台,那么开发者无须编码即可完成企业系统中的大多数常见功能,然后再通过少量编码就可以实现互联网 API 对接复杂的业务逻辑的功能。

多数低代码平台可以提供"开箱即用"的 API 服务,用户通过这项功能可以轻松连接到不同的系统和数据源,这无疑会大大提升连接效率和客户体验。

超级自动化是 AI 的一个关键用例,目前一些成功实施的自动化项目也为客户带来了超预期的体验。

2. 多元化终端扩展体验新场景

从单一终端到互联网、从互联网到移动网络、从 2G 到 5G、从移动网络到物联网,互联的终端设备在不断变迁,网络速度在不断提升,相关应用的数量也呈现指数级增长。

移动应用是数字经济的主力军,也是企业在数字领域展开竞争的前提。举例来说,如果需要打造能与任何设备的功能进行集成并提供丰富的用户体验的应用,那么可选择原生架构;如果需要开发离线使用而不依赖于 App Store 的应用,那么可选择渐进式 Web 应用(PWA)架构……由此可见,选择正确的架构是满足不同环境、设备和人员需求的核心所在。未来,我们认为企业必须能够同时构建原生应用和 PWA,这样才能在每个移动场景中都提供最优的客户体验。

另外，可穿戴设备、传感器和互联环境让我们看到了物理设备与数字世界融合的更多可能性。企业不仅需要为存储可穿戴设备等产生的大量数据做好准备，还需要考虑如何使可穿戴设备获得的信息与物理环境产生协同作用。换言之，企业需要在正确的时间提供正确的数据，以获得相关的洞察结果并采取正确的行动，这样才能提供物理世界和数字世界之间无缝衔接的客户体验。

2021 年，元宇宙概念爆发，随着 AR/VR 等海量终端设备接入网络，人们看到了基于 AR/VR 的广阔前景，我们有理由相信，未来会有更多的企业将 AR/VR 技术融于企业的管理流程，使客户体验达到一个新的高度。虚拟世界与数字世界的连接将会产生无限的可能。

可以肯定的是，未来将有更多的业务负责人重新构想公司的运营方式，比如 AR 看房、AR 试穿等。而且随着新设备的不断接入和新的业务逻辑不断落地，更多新奇的客户体验将会纷至沓来。

从另一层面来看，物联网终端产品碎片化的背后，是技术的碎片化，包括硬件平台、算法、存储、软件系统及通信协议等。由于物联网设备数量多、种类复杂、计算能力存在差异、应用部署和运维也非常困难，因此需要开发者有较高的技术水平和丰富的经验，同时对硬件和软件都要有比较深入的理解。

总之，低代码平台无须编码或仅需少量编码就可以快速生成应用程序，其具备可视化编程、简单直观、开发周期短、技术门槛低、易于部署和运维等特点，非常适合用于海量物联网终端的 App 开发与管理。低代码平台需要连接移动网络和物联网以提供良好的客户体验。

第 2 章　低代码平台技术基础

2.1　领域驱动设计和模型驱动开发

主流低代码平台遵循 DDD（Domain-Driven Design，领域驱动设计）理念，针对领域模型和限界上下文，使用关键应用及微服务概念来承载领域和子域，然后抽象业务对象的概念，用来描述领域模型中最细粒度的业务功能；同时，在业务对象内部，通过封装表单、服务、视图模型、业务实体和数据库对象等元数据模型来应对领域驱动设计分层架构的不同层次。其中，表单元数据属于用户接口层，视图模型描述应用层，业务实体描述领域层，服务和数据库对象描述数据库等基础设施层。在应用层，视图模型能够被发布成不同的服务以应对不同的表单或者其他第三方微服务调用；数据库对象提供了针对不同数据库类型的适配器，从而有效地避免了应用层和领域层与其他层的代码交互的问题。主流低代码平台分层架构如图 2-1 所示。

主流低代码平台还采用模型驱动开发设计理念，基于业务应用开发模式进行提炼、沉淀，内置提供 40 种以上开发模型（DSL 语言描述的领域元模型）的可视化开发、建模工具，全面覆盖应用系统开发所需的用户界面、API 服务、业务领域逻辑、实体数据结构、业务流程、打印、查询等开发内容要素，同时内置大量的可重用技术构件、业务构件、开发模板等软件资产库。低代码平台在对应的逻辑层次进行抽象，同时识别出支撑各逻辑层次功能开发、运行的各类元数据，其中主要的元数据及层次对应关系如图 2-2 所示。

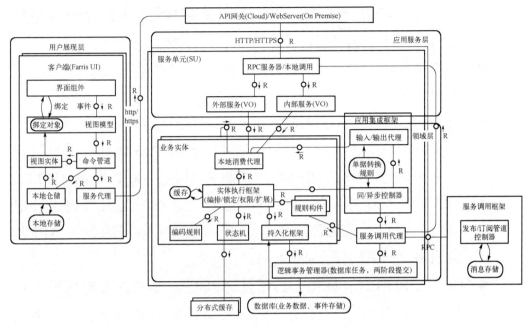

图 2-1　主流低代码平台分层架构

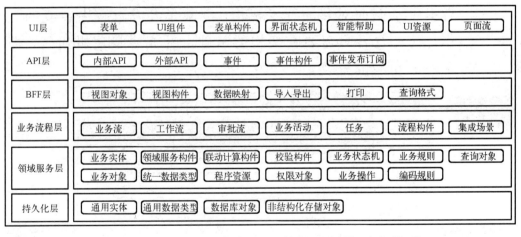

图 2-2　低代码平台主要元数据及层次对应关系

在图 2-2 中，软件领域模型描述方法将业务应用划分为如下层，每一层都提供了面向不同应用场景的领域模型：

● 持久化层：负责业务数据的持久化处理（增、删、改、查），可支持不同的关系型数据库的持久化实现；

- 领域服务层：负责领域核心的模型结构和业务逻辑描述。它与业务规则保持同步，只要业务规则不变，本层逻辑就是稳定的，就不会受到具体业务应用的影响；

- 业务流程层：负责单据间、单据内部的业务数据的流转、数据映射等；

- BFF（Backend For Frontend）层：作为服务于前端的后端，属于业务应用层，负责特定应用场景的业务规则，既能包含某个领域层实体的部分能力，也能组装、编排多个领域层；

- API 层：在业务系统中的资源与能力进行封装后，提供外部调用的接口，包括供展现层、第三方系统调用的外部 API 和微服务之间调用的内部 API；

- UI 层：即用户展现层，其通过 API 层，将业务数据展现给最终用户，并与用户交互，然后将交互的内容提交给服务器。

  如图 2-3 所示，基于领域驱动设计的移动开发框架，为开发者提供了面向对象的开发架构，屏蔽了开发过程中重复的工作，使开发者只需要在架构的基础上补充少量逻辑代码，即可完成功能的开发。

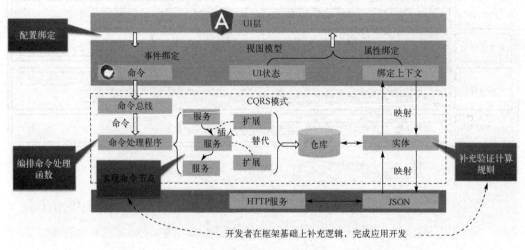

图 2-3　基于领域驱动设计的移动开发框架

2.2　前后端分离

低代码平台基于 MVVM 架构、采用前后端分离的模式进行构建，同时使用响应式编程框架，提供了高效的前端应用开发体验。

低代码平台前端开发使用 MVVM 架构模式，实现了设计时的视图层组件与视图模型分离，其视图层组件的修改和替换，不会影响前端交互控制逻辑的处理流程。基于组合模式的界面层复用机制，能够实现在不同的页面直接提供共享复用。另外，Web 前端开发工具应用 Angular、TypeScript、RxJS 等技术，封装了多种个性化控件，遵循快速、可靠、响应、直觉、智能的设计原则，提供了全新的视觉、交互体验。其使用 Angular 框架，基于最新的 Modern Web 理念，自主研发了前端 Farris UI 框架，全新定义了用户交互体验，使操作方便易用、简洁大方，不仅满足用户的使用习惯，而且每项操作系统的响应速度和跳转速度不超过 5 秒。

Farris 开发框架是一套采用 Angular 技术，以领域驱动方法设计生成的响应式编程框架。领域驱动设计能够对复杂问题进行控制，便于得到一个易于维护、稳定、高质量的编程模型，极大提升了设计和研发的效能、降低了产品设计和开发的成本，使设计者和开发者可以专注于提高用户体验，从总体上提升产品的竞争力，从而创造更多商业价值。

平台支持使用前后端分离架构设计的 BFF 开发框架，同时基于前端的调用请求，自动转换和适配、编排后端业务领域服务，使业务领域服务更稳定，前台处理响应更灵活。基于前后端分离技术，实现了一套后端业务逻辑适配不同的前端展现 UI 的目的。前端开发实现了动静分离，使静态文件可以统一部署在 Nginx 服务上或者在 CDN 中进行缓存部署，从而提高了移动端和 PC 端在公网上的访问速度。低代码平台还支持部署国际 CDN 服务，支持海外应用。BFF 架构如图 2-4 所示。

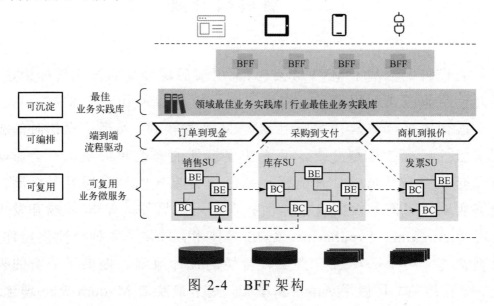

图 2-4　BFF 架构

2.3　BEF 业务持续沉淀架构

为了更好地理解业务实体框架（Business Entity Framework，BEF），并使用其进行业务开发，本章将从以下三方面对 BEF 进行简单的介绍，分别是：业务实体开发包含的内容、业务实体框架运行原理及业务实体框架的主要特性。

业务实体（Business Entity，BE）是为了实现业务逻辑与展现分离而存在的，其是对业务逻辑的抽取与沉淀。业务实体首先要描述数据结构，即业务实现需要哪几个表结构以及表结构之间的从属关系；然后还要描述业务逻辑，除了内置的 CRUD 操作，还要以 BE 构件的方式对几种逻辑类型进行扩展。

业务实体的设计时建模主要包含两部分：

- 对数据结构的定义：包括数据表、字段、约束、规则、表间的关系、字段的关联方式等。
- 对业务逻辑的定义：包括自定义动作、联动规则、校验规则等构件类型的定义以及如何在业务实体中关联正确的执行时机等。

浪潮企业级 Paas 平台 iGIX 采用领域驱动设计方法，引用业务实体描述领域模型，该业务实体承载了实体数据结构和核心业务逻辑。通过它来规范对服务端的开发，将业务逻辑进行细粒度拆分、编排，最终实现业务逻辑可沉淀。

首先，在设计时，需要提供业务实体建模、业务构件建模等相应的建模工具供开发者进行业务实体开发；

然后，在完成实体建模后，通过 JIT（Just In Time）引擎，对开发好的业务实体进行编译，生成一套相应的运行代码。这套运行代码包括根据实体结构生成的实体类、根据业务逻辑建模生成的业务逻辑代码及相应的持久化逻辑等。

最后，运行通过 JIT 引擎生成好的代码，此时不再依赖元数据解析。运行时主要包括三部分：

- 业务实体执行框架：其属于业务逻辑层，承载的业务逻辑包括业务实体框架内置的 CRUD 操作逻辑、关联计算规则逻辑、校验规则逻辑及自定义的业务操作逻辑；
- 持久化仓库：其属于持久化层，负责实体数据的持久化处理，包括将数据从持久化存储（如数据库）中加载出来、将变化的数据更新到持久化存储等；
- 业务实体缓存：提供业务实体热数据（热数据是指频繁访问和使用的数据）的缓存。业务实体框架在获取实体时，需要先从业务实体缓存中进行获取，如果业务实体缓存中没有的话，那么再到持久化层获取。通过业务实体缓存，减少与数据库的交互，减小数据库的压力，进而提升产品性能。BDF

业务持续沉淀架构如图 2-5 所示。

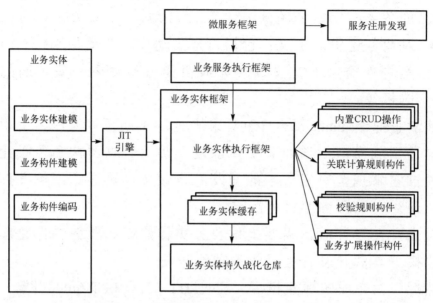

图 2-5　BEF 业务持续沉淀架构

如图 2-6 所示，业务实体开发包括数据结构、业务逻辑及与业务逻辑相关的构件代码等一系列开发内容。一般的开发顺序为首先开发数据结构，然后再根据数据结构开发业务逻辑。

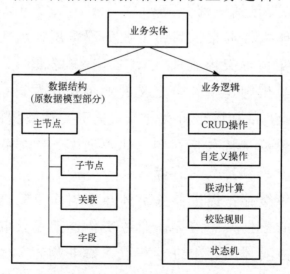

图 2-6　业务实体开发内容

如图 2-7 所示，在 iGIX 中，为了提升开发效率，支持直接创建业务实体，然后再根据业务实体数据结构同步生成数据库对象，最后数据库对象会自动地将数据库的结构变化更新到数据库中。一般情况下，业务开发者不需要再专门因为数据库结构的变动而升级数据库。

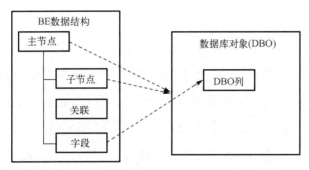

图 2-7　iGIX 中 BE 与 DBO 的对应关系

- 节点：一个节点对应后台数据库中的一个表（虚拟节点除外），节点本身不直接对应数据库，而是对应数据库对象，即关于数据库表或者视图的描述。每个节点都必须包含一个主键字段。

- 字段：一个字段对应后台数据库的一列（虚拟字段、业务字段除外），一个节点下面可以设置多个字段。字段不仅包括数据类型、长度、精度等基本属性，还可以在字段上设置关联、枚举、编号规则等业务属性。

- 关联：支持在 BE 上设置两种类型的关联，分别是：父子节点之间的关联及与其他 BE 之间的关联。

  - 父子节点的关联：在给 BE 上某个节点添加子节点时，需要在子节点设置与其父节点的关联，这就要求子节点上有一个与父节点相关联的字段（通常，在子节点上设置与父节点主键相关联的字段）；

  - 与其他 BE 的关联：假如 BE 上一个字段是字典类型（如

35

单位字段）的，其值存储在另外一个 BE 中（如单位 BE），当前字段上只保存主键值，那么可以在该字段上设置关联，选择与其关联的 BE 及相应的关联字段。后台持久化层在获取数据时，会根据关联设置，读取 Join SQL 命令，从被关联实体对应的数据库表中获取主键以外的列信息。

在 iGIX 中，由于其采用微服务架构，整个产品的 BE 并不都在同一个数据库中，因此就对选择关联的 BE 有了要求，即对应的数据库表必须是在同一个数据库中的。对于基础数据，由于其本身是各个模块的公共依赖，因此在 iGIX 中，会将基础数据 SU（服务单元）中的业务数据分发到其他 SU 对应的数据库。所以，对于某一个特定的 BE 来说，其可以关联同一个 SU 内部的 BE，也可以关联基础数据的 BE，但其他 SU 的 BE 则不允许关联。

BE 的业务逻辑开发包括 CRUD 操作、自定义操作、联动计算和校验规则等内容。其中，CRUD 操作、联动计算和校验规则是围绕一份实体数据的最细粒度的业务规则执行业务逻辑操作，就是对这些细粒度业务规则的组装，如图 2-8 所示，每个操作都对应一个构件，每个构件都对应一段业务逻辑代码。

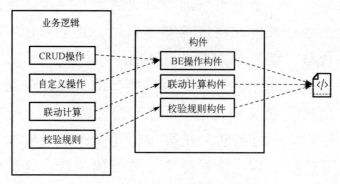

图 2-8　业务逻辑开发

（1）CRUD 操作。CRUD 操作围绕一条实体数据展开，是最细粒度的业务逻辑。该操作提供对应的实体数据和上下文，并可在业务代码中访问和修改对应的实体数据。

CRUD 操作是 BE 的内部操作，不暴露给外部调用者。

（2）自定义操作。自定义操作为可供外部代码调用的操作，包括 BEF 内置的 CRUD 操作及对每个 BE 自定义的操作。通过自定义操作可以查询实体数据、加载实体数据、执行某一个特定实体数据的节点操作等。

（3）联动计算。自定义操作是由外部调用执行的操作（比如界面上单击按钮、业务流转触发等），联动计算则是由 BE 流转的特定时机触发的，其可以设置字段变更的过滤条件，但不会被外部直接调用执行（比如销售订单的总金额是由销售订单明细金额的值求和而来的，计算总金额的逻辑就是一个联动计算，因此只要明细金额的值发生改变，该操作就会被执行，而不用管明细金额是怎么改变的）。

（4）校验规则。校验规则是为了保证实体数据的完整性和准确性而提供的针对实体的校验逻辑。它是由实体特定节点数据的变化触发的，其可以在数据发生修改时立即触发，也可以在数据保存时触发。此类操作只能读取实体数据，而不能对数据进行修改。

在 iGIX 中，为了简化开发步骤，建议执行以下操作：首先添加实体（自动生成构件），然后通过实体代码生成默认的构件代码，最后直接使用默认的构件代码进行业务逻辑开发。

为了更好地理解业务实体开发过程，本节将通过销售订单的表单打开、修改、保存数据等过程对业务实体框架的运行原理进行简要的说明。

如图 2-9 所示，业务实体执行框架包含了一堆细粒度的业务规则（包括校验规则、联动计算规则等），业务操作是对这些业务规则的编排、执行。为了减少操作执行期间与数据库的交互，业务实体执行框架提供了三级缓存，所有操作期间需要的数据都从三级缓存中获取，而修改的数据也会更新到缓存中，只有在保存时才会将修改的数据保存到数据库中。

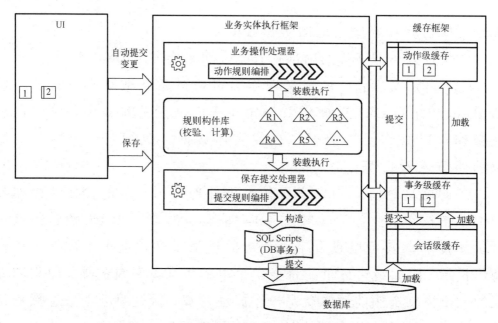

图 2-9　业务实体执行框架的运行原理

按照图 2-9 所示的运行原理，在打开一个功能时，前端界面会通过 Web API 调用业务实体框架来获取数据。业务实体框架接收到来自前端的获取数据请求后，就会执行加载数据的操作。加载数据操作会通过业务实体操作的编排机制来编排实体加载的业务逻辑，即首先根据前端参数对数据进行加锁，然后调用持久化层获取数据，再执行数据加载后的联动计算规则（计算虚拟字段等），最后将数据加载到缓存中，并返回给前端调用者。

向前端返回的数据，并不是全部数据，而是基于一种懒加载机制，只返回前端需要的数据，详细介绍请参考增量传输相关内容。

用户在前端单击"编辑"按钮，然后就可以进行数据修改（修改字段、新增、删除行等）操作。在修改的过程中，表单会找一个合适的时机从后台异步地将变化的数据提交到服务器端。业务实体接收到提交的数据变更请求后，会执行数据变更操作。在执行变更操作时，会先将变更数据放到三级缓存中的动作级缓存中，然后加载执行变更操作的相关规则。可以根据不同的字段变化加载不同的校验、联动规则。比如，在销售订单明细表中，当销售数量发生变化时，就会执行计算明细金额的逻辑，而在销售数量不变时，不执行该逻辑。通常，先执行联动计算规则，然后再执行数据校验规则。在执行联动计算规则时，还可能产生数据的变更，因此，需要根据新的数据变更情况执行新的联动、校验规则。

如果所有的规则都执行成功了，那么操作执行完成，程序就会将动作级缓存里面的数据变更提交到事务级缓存，然后将本次执行操作期间发生变化的数据返回给前端界面进行显示。如果在执行联动计算、数据校验期间有校验规则不通过或者联动计算规则出现异常，导致操作没有执行成功，那么程序会将动作级缓存里面的数据丢弃，然后返回给前端执行失败的消息。前端界面会根据后端返回的数据变更结果，将数据更新到界面上。

在用户完成对所有数据的修改后，即可单击"保存"按钮，进行数据保存。此时，修改的数据都已经被提交到服务器端，就可以触发执行业务实体框架的保存操作了。在业务实体框架执行保存操作时，会先加载执行保存操作的业务规则（保存前计算、校验逻辑），然后再根据配置好的编号生成时机生成编号（本例中，编号生成时机设置的是保存时生成），最后触发保存前事件。保存前事件完成之后，业务实体框架会将此次操作期间发生变化的所有数据传递给持久化仓库，其会根据传递的变更数据生成增量更新 SQL 语句，然后执行该语句，将数据变更提交到数据库。

数据保存到数据库后，程序会返回给前端数据保存结果（这里也会将保存期间形成的数据变更返回给前端），此时，前端 UI 会弹出"保存成功"的提示信息。

用户执行完销售订单功能后，单击"关闭"按钮，即可关闭相关功能。此时，表单会触发执行业务实体框架的关闭操作。业务实体框架接收到关闭请求后，对当前加锁的数据进行解锁，然后清空缓存数据。

业务实体框架主要有以下特性：

（1）业务逻辑与展现逻辑分离。在 iGIX 中，通过引入业务实体（BE）来承载核心业务逻辑（包括数据结构定义和业务逻辑），引入视图模型（View Model，VM）来展现相关的逻辑（同样包括数据结构和操作）。通过 BE 和 VM，将业务逻辑与展现逻辑进行解耦，降低了业务逻辑对前端 UI 的依赖，使业务开发者在开发 BE 时，只需要关注领域相关的业务逻辑，而不用考虑对前端 UI 的支持。在业务场景不变的情况下，BE 的逻辑是稳定的，其不会受到前端 UI 改变的影响，因此实现了业务逻辑稳定的目标。

（2）JIT 技术

JIT 技术能够加速 Java 程序的执行速度。通常，javac 将程序源代码编译转换成 Java 字节码，然后 JVM 通过解释字节码将其翻译成对应的机器指令，JVM 会逐条进行读入，并逐条解释翻译。很显然，经过解释执行，其运行速度必然会比可执行的二进制字节码程序慢。为了提高程序执行速度，引入了 JIT 技术。当 JIT 技术启用时（默认是启用的），JVM 读入 .class 文件解释后，会将其发给 JIT 编译器。JIT 编译器会将字节码编译成本机机器代码。在运行时，JIT 技术会把翻译过的机器代码保存起来，以备下次使用，因此从理论上来说，采用 JIT 技术可以尽可能接近以前的纯编译技术。

在设计时，JIT 技术提供了元数据建模，开发者可利用其开发相关元数据。

将开发期元数据发布到运行环境进行部署，采用了预处理和动态加载的方式，其将元数据自动生成为程序源代码并编译为可直接运行的原生程序文件。JIT 技术的精简部署和运行期处理机制，极大提高了运行效率和稳定性。

BE 采用了 JIT 技术，即利用 JIT 进行 BE 元数据设计，然后通过生成器生成运行时代码。所以在 BEF 运行时，只提供了基础的运行框架，而不会提供引擎解析。

（3）冲突控制。BE 进行业务逻辑调用时，会根据需要调用的开发框架提供的逻辑锁进行数据的加锁。

BEF 默认会在数据发生修改时对当前数据加锁，如果加锁成功，那么才能继续修改，否则不允许修改。

加锁使用的是业务锁，其并不会对数据库进行锁定，所以并不会对数据库的查询操作造成影响。根据不同的应用场景，BEF 支持在以下时机提供加锁、解锁功能。

- 检索数据：检索数据是指将数据从数据库加载到业务实体框架，BEF 支持在检索数据的操作参数中设置是否对数据进行加锁；
- 修改数据：在修改数据时，如果未对要修改的数据进行加锁，那么会先加锁，再执行数据修改；如果已经加锁，则不再执行加锁操作；
- 保存数据：在数据保存时，BEF 支持在保存数据的操作参数中设置是否对数据进行解锁。
- 关闭功能：在关闭功能时，如果存在加锁的数据，那么先执行解锁操作，再关闭功能。

（4）三级缓存。在进行一次操作的整个过程中（比如打开销售订单进行操作，直到表单关闭），为了提升易用性和性能，会将操作数据在应用服务器端进行缓存。缓存共分为三级，分别是：动作级缓存、事务级缓存和会话级缓存。

- 动作级缓存：是一次业务操作执行期间的缓存。当业务操作执行成功时，会将动作级缓存里面的数据提交到事务级缓存；当业务操作执行失败（比如校验不通过）时，则直接将动作级缓存里面的数据丢弃；
- 事务级缓存：保存了数据从加载到变更，再到保存，这一段时间内数据的所有变更情况。如果执行保存操作，那么数据会被提交到数据库和会话级缓存；如果执行取消操作，那么会丢弃事务级缓存里面的数据；
- 会话级缓存：保存了与数据库完全一致的数据，其可以被理解为原始数据。

（5）细粒度的业务逻辑编排。在 BEF 中，业务逻辑是一堆细粒度的业务规则的集合，包含自定义操作、联动计算和校验规则等，而业务执行则是对这些细粒度的业务规则的编排。比如，在销售订单中，执行修改订单明细金额的操作，该业务逻辑包含如下几条规则：一是更新相应销售订单数据中明细行上明细金额字段的值；二是校验明细金额的值是否超出预算；三是执行联动逻辑，即重新计算销售订单总金额。

（6）增量传输。为了减少前端 UI 与服务器端交互传输的数据量，提升执行效率，BEF 提供了服务器端增量查询和增量数据提交功能。

增量查询：在提供前端 UI 需要展现的数据时，只提供前端可见的部分数据。在用户操作期间，如果需要更多的数据，那么再通过后台异步到服务器端获取其他需要显示的数据。比如，在销售订单的明细子表中，某订单的数据有 3000 条，但是前端 UI 界面一页只能显示 20 条，那么在界面加载获取数据时，只从服务器端获取前端显示的 20 条。在用户拖动滚动条，显示下一页数据时，会异步地从服务器端获取更多要显示的数据，然后展现给用户。为了提高用户体验，可以在获取数据时，异步地将下一页要显示的数据获取下来，这样用户是感受不到这种动态加载的过程的。

增量数据提交：在前端 UI 界面加载完成之后，会进行数据的修改（新增明细、修改字段值等），即在用户进行 UI 操作的过程中，程序会在一定时机（选中行改变或者其他）将变化了的数据后台异步地提交到服务器端缓存中，当用户操作完，执行保存功能时，所有修改的数据就会被提交到服务器端，执行保存只是将提交到后台的变化数据生成持久化 SQL 语句并提交到数据库中。使用增量数据提交，只保存变化了的数据，极大地减少数据库交互，进而提升产品的性能。

为了降低数据库事务长度，提升应用程序的开发效率，BEF 提供了事务两阶段提交机制。

在对数据进行修改时，使用开发框架的业务锁功能对数据进行加锁，以保证在修改期间其他用户不能对该数据进行修改。但是该操作并不影响其他用户对加锁数据进行查询。

在数据保存过程中，先进行联动计算操作、数据校验、外键关联验证等，完成这些规则校验之后，再根据当前会话期间发生变化的增量数据生成增量更新 SQL 语句，然后启动数据库事务，执行更新 SQL 语句，再提交事务。

2.4　Farris Web UI 前端架构

主流低代码平台的所有功能均通过全 Web 界面方式实现，包括流程设计器、流程配置管理、流程分配等专业管理员使用的功能，无须安装任何客户端工具，也不依赖于任何浏览器组件。用户只需借助 Web 浏览器就可以通过可视化、拖曳的方式完成流程的建模定义，该操作方便快捷。iGIX 的 Web 界面如图 2-10 所示。

图 2-10　iGIX 的 Web 界面

低代码平台提供了一套可视化的表单设计器。该表单设计器采用 Farris 开发框架为开发者提供了企业级应用开发领域的最佳实践。通过 Farris 开发框架，初级开发者也可以写出结构优秀的代码，从而保证程序的质量。Farris 开发框架内置了面向对象开发倡导的"单一职责原则""开放封闭原则""接口隔离原则""依赖导致原则""接口隔离原则"等；内置了"MVVM 模式""装饰器模式""观察者模式""命令模式""命令与查询分离模式"等设计模式；同时，其采用"Write Less Do More"设计原则，广泛运用"装饰器模式"，使开发者通过写"注解"来代替大量冗余代码，从而为开发者屏蔽重复工作。Farris 开发框架的特性，如图 2-11 所示。

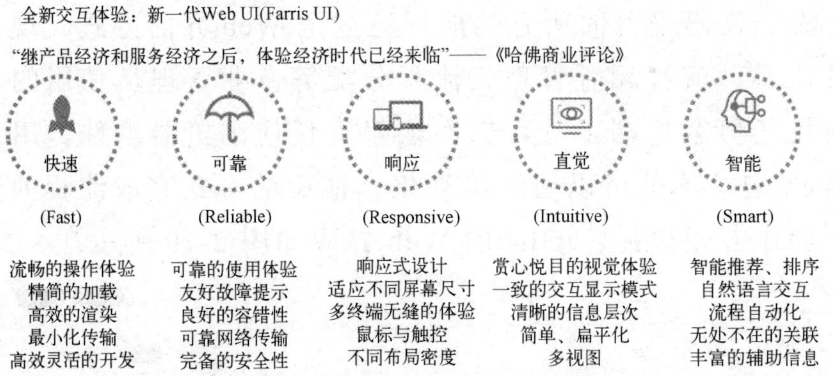

全新交互体验：新一代Web UI(Farris UI)

"继产品经济和服务经济之后，体验经济时代已经来临"——《哈佛商业评论》

快速	可靠	响应	直觉	智能
(Fast)	(Reliable)	(Responsive)	(Intuitive)	(Smart)
流畅的操作体验 精简的加载 高效的渲染 最小化传输 高效灵活的开发	可靠的使用体验 友好故障提示 良好的容错性 可靠网络传输 完备的安全性	响应式设计 适应不同屏幕尺寸 多终端无缝的体验 鼠标与触控 不同布局密度	赏心悦目的视觉体验 一致的交互显示模式 清晰的信息层次 简单、扁平化 多视图	智能推荐、排序 自然语言交互 流程自动化 无处不在的关联 丰富的辅助信息

图 2-11 Farris 开发框架的特性

Farris 是采用领域驱动设计方法的响应式编程框架，遵循快速、可靠、响应式、直觉化、智能化的设计原则。Farris 基于 Node.js 和 Angular 框架，采用 MVVM、前后端分离模式，开发出高性能的前端应用，为用户提供了全新的视觉、交互体验。Farris 具有以下特点：

- 主框架支持换肤；
- 基于 SPA 技术，页面资源无须重复加载；
- 全新交互体验：用户专属首页，角色化、场景化的仪表；
- 全新交互体验：响应式设计、扁平化设计，互联网化风格、C 端视觉体验；

- 多视图设计，清晰直观；
- 社交化协作，高效沟通；
- iGIX 内嵌桌面云。

2.5　模型体系

在 inBuilder 低代码平台的六大关键特性中，UBML 在多方面起到了核心作用，具体体现如下：

1．全角色全场景开发协同

通过 UBML 统一模型体系，无代码、低代码和硬编码三种开发模式在同一框架下无缝集成，从而确保业务人员、常规开发者和技术专家能够在同一平台上协同工作，共同参与开发。

2．应用柔性组装定制

UBML 体系支持前端、API 层、领域层和持久化层的灵活组装，通过元模型驱动设计，实现各层之间的松耦合集成，使得组件和服务可以灵活地进行定制和组合，以满足不同企业的业务需求。

3．一体化低代码家族

UBML 为低代码开发、流程、集成、分析和物联网组态五大低代码能力提供了统一的模型基础，使得不同类型的低代码开发活动可以在同一模型体系下进行，实现了一致性和互操作性。

4．全面融入云原生

UBML 模型即代码的理念，使开发过程中生成的模型可以直接转化为源代码，支持了云原生应用的快速构建和部署，确保了模型与代码的一致性。

5. 安全开放

UBML 体系内置了安全模型，能够支持企业级高效、可装配的安全机制，确保在统一框架下实现分保和等保双重安全标准，满足了业务系统的高级别安全需求。

6. 全面用户体验

结合 UBML 统一模型体系和 Farris UI 设计体系，通过共享和复用设计资产，实现了"开发+体验"一体化。统一的模型体系确保了设计与实现的一致性，提升了用户体验的一致性和质量。

通过 UBML 统一模型体系，inBuilder 低代码平台能够结合六大特性提供一致、灵活、高效的解决方案，支持企业实现一体化的研发和应用开发。

2.6　统一业务建模语言

统一业务建模语言（Unified Business Model Language，UBML）是描述企业业务模型的建模语言。UBML 的组成如图 2-12 所示，其基于模型驱动开发（Model-Driven Development）中的核心标准 MOF（Meta-Object Facility），对应 M0-M2 层进行抽象建模，主要内容包括元模型基础结构（Common-Base）与具有通用性、可供各类元模型复用的结构（Common-Core）。UBML 规定了业务模型的基本结构和生命周期，其独立于具体的程序设计语言，具有技术平台无关性。基于 UBML 描述的模型，可适配基于 Java、.NET 等不同技术平台的具体实现，而且不同应用系统和不同技术平台的模型也可以基于 UBML 标准规范进行交换和共享。

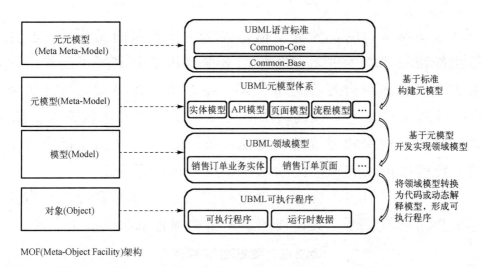

图 2-12　UBML 的组成

UBML 使用元数据（Metadata）描述基于统一业务建模语言构建的具体模型，包括应用软件运行所需的用户界面、API、业务流程、领域服务、业务构件、数据实体访问等。元数据工程（Metadata Project）是在元数据建模过程中管理高内聚度业务元数据的文件结构，其包括工程描述文件及被保护在元数据工程内的元数据。元数据间根据相互引用关系建立依赖，UBML 可以根据这些依赖关系，将描述同一应用程序的元数据发布为元数据包。

按照 UBML 标准规范，元数据应包含头信息、依赖信息、模型内容描述、可扩展属性等内容。UBML 可以通过 JSON 文件来描述元数据，其中每个文件都是完整的元数据个体，元数据文件由三大部分构成，分别是：头节点、依赖关系和模型内容，其详细信息如表 2-1 所示。

表 2-1　元数据文件结构

序号	元数据结构	说明
1	头节点	描述该元数据的基础信息，包括元数据的名称、编号、命名空间、所属业务对象、元数据类型、国际化等
2	依赖关系	记录元数据所依赖的其他元数据，当加载一个元数据时，需要同时将其依赖的元数据加载起来，才能正常使用功能，此时就需要根据依赖关系节点去加载所有的元数据
3	模型内容	元数据模型内容描述

以实体模型为例，业务实体是描述实体模型的元数据，其内容包括数据结构和业务逻辑。其中，数据结构部分采用了层级结构，可描述多个实体结构及其逻辑关系，而每个实体模型又包含了多个字段，以及其对其他实体模型的引用。业务逻辑部分既描述了新增、编辑、查询、删除数据等基本方法，又可以自定义描述操作数据的方法，还可以描述实体数据联动计算规则和校验规则。

业务实体作为多个高耦合度实体的聚合，包含聚合根及与其他业务逻辑相关的属性，其详细的数据结构属性如表 2-2 所示。

表 2-2　数据结构属性

序号	数据结构属性	说　明
1	编号	数据结构的编号
2	名称	数据结构的名称
3	统一标识	通常使用命名空间唯一描述一个实体
4	版本字段	在数据结构中记录数据版本的字段
5	根实体模型	描述数据结构的根实体模型,其下可以包括多个字段或者多个子实体模型

每个实体模型可包括多个字段或者多个子实体模型，其结构如表 2-3 所示。

表 2-3　实体模型结构

序号	实体模型结构	含　义
1	主键	描述数据结构的主键
2	编号	数据结构的编号
3	名称	数据结构的名称
4	字段集合	数据结构的字段集合
5	对应数据库对象	数据结构对应的数据库对象
6	唯一性约束	描述数据结构的唯一性约束规则,包含多个唯一性约束定义,唯一性约束可以用来描述多个字段（最少一个）的唯一性

实体属性包括简单类型、关联、枚举类型及业务字段（值对象）类型等，其结构如表 2-4 所示。

表 2-4 实体属性结构

序号	字段结构	含义
1	编号	字段的编号
2	名称	字段的名称
3	数据类型	字段的类型，包括字符、文本、整型、小数、布尔、日期、时间、二进制这八种基本类型及业务字段类型
4	长度	字段的长度
5	精度	字段的精度
6	对象类型	设置字段为普通属性、关联或枚举
7	默认值	字段的默认值
8	是否允许为空	字段是否允许为空
9	关联	设置字段的关联信息，包括关联模型，关联字段等
10	枚举	设置字段的枚举值

第 3 章　iGIX 典型应用场景

当前阶段，数字化转型已成为企业间的共识，其是企业业绩增长的重要推动力，这一观点获得了企业领导者的广泛认同。然而，对于众多企业来说，实施数字化转型似乎不是那么容易。IT 人才稀缺、信息孤岛、不断涌现的创新性业务需求等，这些问题无一不是拦在企业面前的大山。为此，在众多数字化转型的实施方案中，低代码平台因为"全民开发"的理念成了企业首选。

低代码作为软件开发工具之一，适用于制造业、金融、医疗、房地产、零售、餐饮、航空等行业的不同应用场景。其在数字化转型背景下，能够快速响应市场需求，帮助企业快速实现业务落地，并能从业务需求端倒推企业的数字化建设，这区别于企业 IT 部门主导需求的传统模式。

根据场景类型和复杂性的不同，低代码平台大致可分为以下四类应用，即简单应用、定制化应用、核心应用和创新型应用。通过面向不同开发用户群体的需求特征，可以有针对性地提供不同的应用开发模式和工具，以支撑企业各种类型的应用开发，实现底层架构通过一套模型就可以贯通，从而使不同的开发群体可以无缝协作。

3.1　简　单　应　用

现代化企业可以通过低代码平台创建真正令员工喜欢的现代的、精美的业务应用。通过丰富的设计模板，加上直观的低代码可视化设计界面，使业务专家和开发专家都可以轻松地进行功能开发。企业所有的专业开发者和非专业开发者都可以通过该产品改进工作流程、提高个人和整体的工作效率。特别是在企业内部，因为要面对市场的快速转变，所以无论是业务部门的协同、财务部门的审批和支付，还是市场销售部门的不同销售策略，均需要相应的产品具备高效、快速的适应能力和二次开发能力。

面对上述情况，低代码平台可以快速有效地构建、测试和推出满足新业务需求的应用，如预算申请与审批应用等。传统的预算申请和审批应用一般基于纸质或电子表格形式的预算批准流程，其问题是易出错、耗时长且缺乏透明度。建立在遗留系统上的流程也会面临一系列问题，如用户界面很复杂、通常需要填写具备大量信息的表单、对智能手机和平板电脑不友好等。在业务后端，IT 部门很难快速更新系统以适应流程中的任何新业务变化，也很难随着用户数量的增长对其进行扩展。

低代码平台为专业开发者和业务人员提供了高效、灵活和可协作的工具，允许他们在单个平台上实现数字化的端到端的资金要求和批准流程。用户获得了可从多个设备进行访问的应用，且这些应用响应迅速，提供了消费者级的 UI。IT 部门可以将这些应用与 ERP 系统（如 SAP Finance）集成，以实现根据会计预算检查资金的要求。此外，IT 部门还可以很容易实现低代码维护并频繁更新应用，云原生架构也可以轻松地根据业务需求来扩展应用。

现阶段，简单应用主要包含会议管理、疫情填报、请假销假、问卷调查等场景。业务人员可以基于无代码工具快速开发这种综合办公类的碎片化应用，至于个性化的复杂逻辑，可以由技术人员通过低代码工具进行补充。常用的零代码应用开发表单，如图 3-1 所示。

图 3-1   常用的无代码应用开发表单

3.2   定制化应用

定制化应用主要是在应用系统建设过程中，针对客户强烈的业务多样化需求进行开发的应用，或者客户根据自己的业务需求，基于某一平台自行构建并提供给其他客户进行使用的应用。

定制化应用的典型场景主要包含运营管理、科研管理、投资管理等行业属性较高的场景。该类应用开发过程中，业务人员首先基于零代码工具开发基本应用，做出业务原型并细化需求，然后技术人员根据细化了的需求，进行业务规则的开发实现。一般来说，定制化应用场景主要包含以下三个。

1. 基于 Web 的业务处理系统

客户专用的业务处理系统是日常工作中处理任务的出色工具。对于企业而言，定制化的产品不仅可以提供良好的用户体验，而且是一种极其具有经济性的降本增效方式，因此企业更青睐定制化的工作系统。

相比于开发速度缓慢、资源消耗巨大的传统开发模式，能够实现定制化 UI 及业务流程需求的低代码平台能够更好地满足客户的独特需求。

通过低代码平台，业务人员和 IT 人员能够使用业务专家级的 UI 协作等开发模式交付定制化产品。此外，企业还可以一次构建应用系统接口，然后针对不同的目的和设备进行多次使用。

2．基于移动端的流程处理应用

随着移动电子设备的普及，手机等工具成为工作生活中不可或缺的关键组成。基于 Web 的供应商业务系统虽然能够为客户问题提供很好的解决方案，但其无法支持需要实时进行报告的活动，例如，当员工突然身体不适需要请假时，她更倾向于通过手机直接提交休假申请而不是回到办公室通过计算机打开门户网站。

通过集中整合应用生命周期，低代码平台使构建带有消费者级 UI 的 iOS 和 Android 移动供应商门户网站变得容易。

3．新的 SaaS 应用

虽然许多企业向客户提供的核心产品是实体产品、服务或两者的结合，但是在当今数字化优先的背景下，每家企业都或多或少会涉及软件业务。因此，可以想象利用多年的行业经验和客户资源来构建新的 SaaS 应用会有多大的优势，其不仅可以增强核心产品的竞争力，而且可以作为附加或独立软件解决方案进行销售；不仅可以解决客户经常遇到的数字化痛点问题，而且可以为企业开辟新的收入来源，帮助企业占领新市场。

构建新的 SaaS 应用总是令人生畏，但借助低代码平台却可以快速有效地构建、测试和推出应用。低代码平台的协作性质确保开发者可以直接从最终用户那里获得持续反馈。与传统开发相比，低代码平台可提供更快的应用上市速度、显著的成本节省效果及测试新应用的理想环境。

3.3　核心应用

针对财务管理、人力资源管理等 ERP 类核心业务系统，可首先由技术专家通过低代码工具进行业务组件、模板的封装和复杂规则的配置，然后通过硬编码工具进行业务规则和构件的封装；再由业务专家通过无代码工具进行字段增加、界面布局调整、计算扩展、规则检验等业务功能的扩展；最后借助后台服务和数据进行新功能的封装和扩展。

3.4　创新型应用

现阶段，低代码平台参与的创新型应用场景主要包含物联网智能应用场景和 B2C 移动应用场景。

1. 物联网智能应用

物联网（Internet of Things，IoT）是存在普遍联系的网络，是互联网、电信网等信息网络的承载体，其可以被视为互联网的延伸和升级，是科学技术发展的必然产物，也是继计算机、互联网和移动通信网络之后的第三次信息技术革命。

随着 5G 技术和物联网行业的发展，越来越多的设备将接入物联网平台，这会产生两种不同的应用场景。

一是在 5G 技术方面，由于其具有高带宽、低延迟和高可靠性等特征，使得大量的计算需求可以前移到移动设备端（也称为边缘端）来实现，这给移动设备端的计算能力带来了通过软件进行重新定义的可能。在这种"软件可定义"的方式中，开发者需要通过方便、可靠、简单的开发方式来高效、快捷地重新开发边缘端或者移动设备端的应用。

二是在物联网技术方面，各类传感器及协议、软件将共同作用于一个物联网平台，这不仅造成大量新物联网设备的接入，而且要求低代码这样快捷的开发平台能够帮助用户在第一时间将功能和数据接入平台。支持物联网的业务解决方案可提高内部运营效率，提高用户参与度，反之这又会让企业越发积极地寻找新的方法来交付物联网功能。物联网应用的实现很复杂，往往需要在许多不同的系统之间进行集成。首先要从物联网端点（如传感器、通信设备、汽车等）收集数据，这些数据本身并没有太多价值，然后通过物联网软件（如 Microsoft Azure IoT Hub、AWS IoT 等）处理和分析这些来自端点的数据，并提供 API 接口以便使用和公开物联网服务。

现有人员通过使用低代码平台可以与物联网平台实现无缝集成并基于此来构建 Web 或移动应用，从而将物联网数据转化为可感知的业务逻辑及可操作的行为见解，以供最终用户使用。通过低代码平台还可以轻松地将物联网应用与企业系统、天气或交通等第三方服务集成，以提供更多见解或触发更多物理操作，例如在气温达到特定值时打开空调。

2. B2C 移动应用

在数字化转型时期，网上销售是将产品快速推向市场的一个有力手段。在移动互联网已经十分成熟的今天，基于移动平台的网上销售尤其如此。B2C 移动应用是一种典型的创新型应用，其不仅可以极大地提高客户的满意度，而且能够开拓新的业务收入来源。然而企业通常的状态是，缺乏开发移动应用所需的各类资源，且面临开发的应用需要适配各式各样的移动设备和操作系统版本的挑战。与此同时，在业务需求层面，由于商品种类繁多，各商品属性的不同也会带来用户 UI、界面逻辑、页面流程等方面的不同。因此，对于 B2C 移动应用场景，低代码平台是一个非常合适的选项。而且在企业内各核心系统执行中台战略后，已经构建了基于数据与业务中台的数据集和基本业务逻辑或业务接口，使得 IT 人员或业务人员使用并实施低代码平台的门槛大大降低。

  低代码使企业可以轻松地与现有员工一起，从单个开发平台入手构建面向不同目标用户平台的移动应用，例如，基于 Mendix 开发平台，利用 React Native 框架为 Android 和 iOS 用户快速构建移动应用。至于算法、模型开发、原生技术组件开发等创新型应用场景，一般由技术专家通过硬编码工具来进行系统开发。

第二篇 浪潮 inBuilder 设计与实践

在了解了低代码平台的价值后，本篇将带着大家一起体验低代码平台的使用方法。本篇会以浪潮低代码平台 inBuilder 为例，讲解低代码平台中的应用开发、工作流、查询、导入导出、云打印等。

本篇共 3 章，将从全民开发者的角度展开。无论你是业务人员、IT 人员还是开发者，都可以通过对本篇的学习快速掌握低代码应用的搭建方法。本篇主要从应用的场景线、功能线、过程线这三条线来由浅入深地讲解低代码平台的使用方法，其中，场景线主要以费用报销系统为例来展开介绍，功能线主要是在场景线的基础上讲解平台的主体功能，过程线则是描述如何结合敏捷开发的思想进行过程开发的。

第 4 章　浪潮 inBuilder 介绍

4.1　浪潮企业级 PaaS 平台 iGIX

4.1.1　iGIX 介绍

浪潮企业级 PaaS 平台 iGIX 包含技术、数据、业务三大中台。其基于云原生技术和微服务架构，融合了弹性计算、智能物联、大数据治理、机器学习、认知服务、新型数据平台等基础技术，提供了低代码开发、DevOps、混合云集成、生态开发等应用创新加速能力；基于领域驱动设计，自研 UBML，对应用软件进行全面刻画，支持应用全栈建模；内置数据资产管理能力与丰富的数据服务，打破数据壁垒，全面整合企业数据资源，构建了基于数据的创新能力；沉淀共享业务服务，构建了业务服务能力。iGIX 是可支撑企业构建技术、数据、业务深度融合的新一代企业信息化架构与数字化平台。浪潮 iGIX 旨在打造一个完整的企业应用生态系统，其既是浪潮云 ERP GS Cloud 的基础支撑平台，又是面向企业信息中心/公司、合作伙伴、独立软件开发商（ISV）的生态赋能平台。

iGIX 分为开源版和商业版两个版本，基于化繁为简、极致体验、敏捷架构、应变图新，智能嵌入、实时洞察的设计理念，打造了具有全新一代计算架构、双引擎平台、全新交互体验、智能化、开放集成等五大特性的低代码平台。iGIX 的价值如下：

- 落地中台，快速应变。其融合了中台架构方法论，极速适配前后台业务，赋能企业。
- 敏捷高效，极致体验。其实现了低成本体验、低门槛开发和高效率产出。
- 灵活部署，智能运维。其采用流水线构建业务应用，能够做到轻松上云、一键迁云、智能运维、降低成本。
- 技术赋能，持续创新。其融合了云计算、大数据、区块链等业内最先进的技术，并采用新一代计算架构，实现了技术与商业的深度融合。
- 能力开放，生态互联。其开源开放，并融合社会网络，提供了完善的企业 API 服务管理与数据共享机制。
- AI 嵌入，精准运营。其能够支撑智能化业务场景，提供智能交互、流程自动化和决策预测分析能力。

iGIX 打造了一个完整的企业应用生态，官网首页提供了知识、问答、开放平台、开源社区、GSP+社区等模块，其中开放平台提供了资源中心（如 iGIX 开发、云+开发、认知服务、CSP 资源、BA+开发等）、平台服务、解决方案和最佳实践等功能，开源社区提供了项目孵化、项目源代码下载等功能。

4.1.2　iGIX 开发环境

使用 iGIX 进行低代码建模开发，首先需要进行开发环境搭建。如图 4-1 所示，iGIX 整体开发环境分为四部分，其中，主要部分是个人开发环境和开发基础设施，而集成测试环境及生产环境可根据现场实际情况按需搭建。

- 个人开发环境。个人开发环境由具体的研发人员进行搭建，其中开发服务器承担低代码建模、模型生成代码、代码编译等职责。开发服务器在依赖 JDK、Maven、Node.js、数据库等与开发、编译代码相关的组件的同时，还依赖开发基础设施。

- 开发基础设施。开发基础设施由基础设施管理员进行搭建，其不需要每个研发人员单独搭建，因此研发人员需要关注其依赖的组件的搭建及开发服务器的搭建。

- 开发流程简述。研发人员使用开发环境进行功能开发。开发完成后，研发人员能够使用本地的调试环境，部署相关制品，并验证开发的功能。功能验证通过后，将开发的制品通过手动集成或者流水线工程的方式，迁移到集成测试环境，由测试人员进行功能集成测试，以确保功能正常运行。最后由生产环境管理员，将测试通过的制品更新到生产环境中。

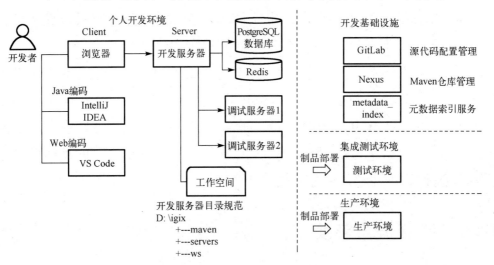

图 4-1 iGIX 整体开发环境

4.2 模型定义

4.2.1 元数据模型

在开发平台中，应用软件开发过程中抽象、识别出来的各类可复用的模型，被称为元数据。元数据用来描述支撑应用软件运行所需的用户界面、业务流程、业务构件、数据实体访问等内容，其结构如图 4-2 所示。

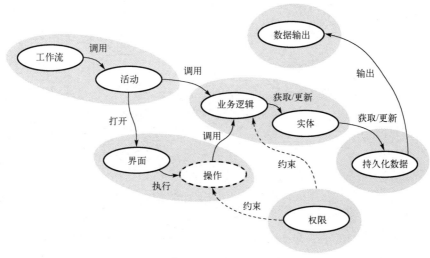

图 4-2 元数据结构

图 4-2 给出了元数据的主要有机构成元素。其中，一个元数据主要包括一组工作流，而每个工作流又是由一组编排在一起的工作流活动组成的。每个工作流活动包含了一组用户交互界面及一个业务逻辑的实现。用户交互界面用来接收外部输入并进行响应，而外部输入用来触发与用户交互界面进行绑定的界面操作。界面操作一方面作用于用户交互界面，使用户交互界面向用户做出输入反馈，另一方面需要调用后端的业务逻辑，以获取需要展现的数据并提交交互请求命令。业务逻辑响应"客户端"调用请求，并进行逻辑规则的检查和处理，其通过实体存取对象结构的数据。实体接受业务逻辑层对对象数据的存取请求，处理持久化层的相应规则，并在对象数据与持久化数据（一般为关系型数据）之间进行映射转换。此外，在进行界面操作及业务逻辑处理时，还会受到权限的相关约束。最后，由元数据提供系统所存储的数据的各类输出形式。基于以上的分析，开发平台中与之匹配的元模型结构如图 4-3 所示。

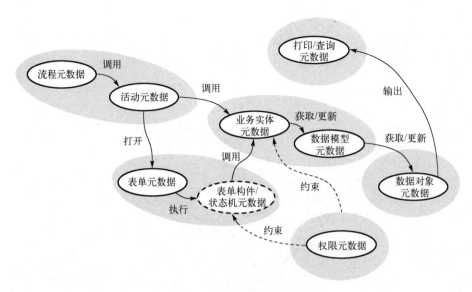

图 4-3　元模型结构

　　按照软件的经典分层架构，应用系统可分为展现层、业务层及数据层三大逻辑层次。其中，展现层提供与用户进行交互及与外部系统接口相关的功能，业务层提供与系统各类业务逻辑实现相关的核心功能，数据层提供与业务层所需的数据持久化存取相关的功能。

　　大型应用软件系统为了实现更为复杂的功能，对上述三个逻辑层次进行了职责的细分，以便满足庞大系统开发、运行过程中的可维护性、可扩展性等软件质量属性的要求。其中，展现层可拆分为UI层和UI控制层，其中UI层主要提供与用户相关的图形界面交互服务，而UI控制层为UI层与业务层的交互提供适配和封装；业务层可拆分为业务流程层和业务服务层，其中业务流程层提供与业务应用相关的流程编排服务，可用于组装、串联多个业务服务实现，提高了业务间集成的灵活性，而业务服务层提供具体业务功能的逻辑实现及调用封装；数据层可拆分为持久化层和数据访问层，其中持久化层提供面向对象实体的持久化存取访问，而数据访问层提供对象实体与存储结构（一般为关系型存储结构）的存取访问与转换。

4.2.2　元数据的建模及运行机制

基于元数据建模中描述的应用系统逻辑层次，应用开发平台在对应的逻辑层次抽象、识别出了支撑各逻辑层次进行功能开发、运行的各类元数据，这些元数据及层次对应关系如图 4-4 所示。

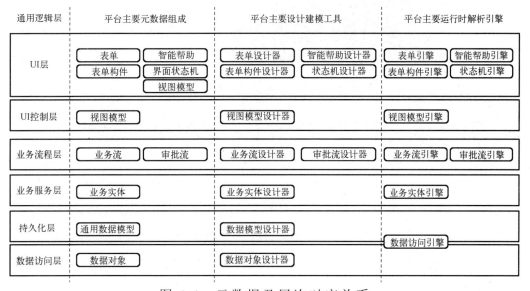

图 4-4　元数据及层次对应关系

开发平台提供了应用开发集成环境，为各类元数据的开发建模提供了图形化的设计建模工具（设计器），并提供了解决方案/工程、元数据资源管理器等不同开发场景视角下的元数据管理和浏览功能。为了支撑团队开发，集成开发环境中内置了元数据版本管理机制，提供拉取、推送、历史版本、分支管理等功能。

在运行时，开发平台提供了与元数据对应的一系列运行时引擎，以便加载特定的元数据，并采用解析或编译生成机制，提供应用系统运行时的可执行功能。

在 iGIX 中，部分元数据的运行时引擎采用 JIT 技术来实现。其通过在开发期设置元数据发布到运行环境进行部署的时机，采用预处理和动态加载的方式，将元数据自动转换成程序源代码并编译为可直接运行的原生程序文件，以便精简部署时和运行时的处理机制，从而提高运行效率和稳定性。JIT编译机制的运行过程如图4-5所示。

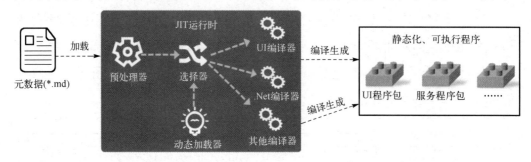

图 4-5　JIT 编译机制的运行过程

在进行 JIT 编译的过程中，会用到加载选择器和编辑器，其作用分别是：

加载选择器：根据应用场景采用预处理和动态加载模式，将应用中所需的元数据进行选择、加载，并控制一致性和关联关系。

编译器：不同种类的元数据采用不同的编译器来实现。编译器将元数据描述文件转换生成程序源代码并编译为可直接运行的原生程序文件，其编译结果可在内存或文件系统中进行缓存。

以 UI 层表单元数据为例，Web 表单采用编译生成机制，通过运行时表单引擎加载表单元数据，动态生成 HTML、JavaScript 等 Web 应用程序文件，然后通过 Web 浏览器进行加载执行，最终生成用户可交互的 Web 表单界面。

4.2.3　元数据框架

1．IDE

开发服务器为开发者提供了低代码集成开发环境——IDE，其能够支持开发者进行业务建模（主要是元数据建模），并支持对多类开发对象进行开发，目前能够支持对元数据、数据库对象等类型的开发。

IDE 包含了丰富的前端设计器及公共组件以及各类后端服务，其中，前端组件与服务完成了解耦，并通过 RESTful API 进行调用。

IDE 前端组件包括各元数据设计器、DBO 设计器、编译器、IDE 框架组件（业务导航树、目录导航树、git 操作面板、maven 包选择器、新建工程、新建元数据、元数据选择器等）、基础服务组件等。

后端包括 GSP 工程操作、各元数据自定义服务、元数据框架服务、DBO 框架服务及开发内容管理服务等。后端服务通过开发内容编辑、iGIX 工程引用、iGIX 工程编译、编译后内容提取、将开发内容部署到当前环境等服务，支撑了 IDE 整体开发流程，如图 4-6 所示。

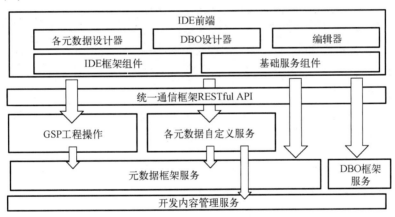

图 4-6　IDE 整体开发流程

IDE 依赖业务对象，并通过业务对象获取相关服务信息。相关信息包括关键应用编号、服务单元编号、命名空间、业务对象 ID 等。

此外，IDE 还依赖运行环境中的程序组件，这些组件是在开发过程中的引用、编译等环节使用的。其依赖的程序组件包括后端服务依赖组件：dotnet CLI 2.1.401，maven CLI >4.8；前端服务依赖组件：Node.js，Angular CLI 等。

IDE 与元数据服务框架的关系是 IDE 中的操作依赖 iGIX 工程操作、元数据服务框架等。iGIX 工程操作包括识别工程、工程操作上下文、工程编译扩展框架等。元数据服务框架包括识别元数据工程、识别元数据依赖、按元数据类型编译等。

IDE 依赖关系如图 4-7 所示。

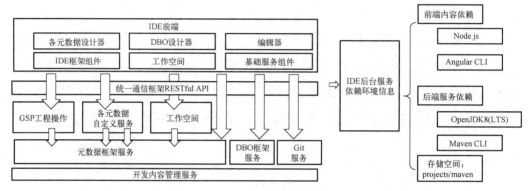

图 4-7　IDE 依赖关系

2．元数据框架

元数据框架是 Web IDE 开发的核心，工程操作、元数据操作等都离不开元数据框架的相关服务。图 4-8 展示了元数据框架的基础结构、核心操作及核心特性。

元数据框架的基础结构是工程化及文件化。在元数据框架体系中，元数据文件是不允许单独存在的，每个元数据都必须依托于一个 iGIX 工程。iGIX 工程作为元数据与代码文件的"载体"，与 BO 关联，是按照功能内聚度的最小开发范围进行划分的，其承载着打包、编译、交付物提取、交付物部署等操作，并且记录了元数据包之间的依赖关系。目前，iGIX 工程可分为后端工程、前端工程、集成工程、场景图工程等。按照开发规范，一个 BO 下某种类型的工程有且仅有一个。iGIX 工程中的所有元数据打包后生成的文件（元数据包）是元数据迁移、部署的最小粒度。

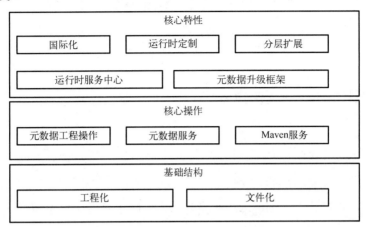

图 4-8　元数据框架

iGIX 工程与元数据工程目前是一一对应的，每个 iGIX 工程都有自己的描述文件，其在创建工程时会被自动创建。该描述文件记录了当前工程的关键应用、服务单元、业务对象、工程命名空间、部署路径、工程名称、包名、工程类型等信息。

在 iGIX Cloud 开发体系中，开发期的元数据是以文件形式存在的，其不同于小版本中表预置数据形式的元数据。文件化的元数据具有易迁移、版本易管理等优点。不同开发服务器之间的迁移，只需简单的文件复制即可实现。

元数据文件是 JSON 格式的，其主要包含三个节点，分别是：头节点、依赖关系节点及元数据实体节点。其中，头节点是对元数据的基本描述，包含了唯一标识、名称、编号、命名空间、业务对象、类型、语言等基础信息；依赖关系节点描述了该元数据所依赖的其他元数据的情况，如果为空，那么表示该元数据不依赖于任何元数据；元数据实体节点是各元数据设计器序列化后的 JSON 串。

4.3 什么是 inBuilder

4.3.1 inBuilder 总体介绍

浪潮 inBuilder 低代码平台基于 UBML，提供硬编码、无代码、低代码三种开发工具，针对上层业务应用提供广泛、全面的开发支撑能力，拥有 50 多种图形化建模工具、100 多个领域模型，面向应用表单、流程配置、数据分析、集成配置、组态提供简易的开发工具。其有效屏蔽了底层技术实现细节的复杂性和烦琐度，降低了开发使用门槛，着力提升业务应用整体的研发效率，形成了连通企业内、外部的研发生态。浪潮 inBuilder 低代码平台模型体系如图 4-8 所示。

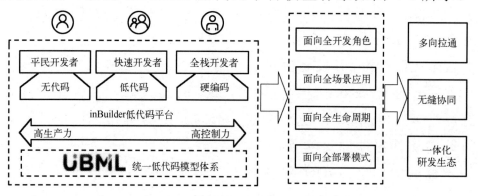

图 4-9 浪潮 inBuilder 低代码平台模型体系

4.3.2 inBuilder 核心建模体系

UBML 是一种用于快速构建应用软件的低代码开发建模语言，是开放原子开源基金会（Open Atom Foundation）旗下的孵化项目，是浪潮 inBuilder 低代码平台的核心建模体系。其开源架构如图 4-10 所示。

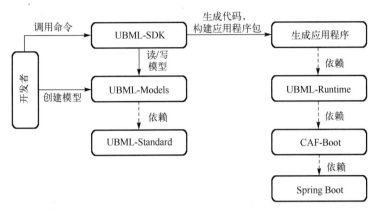

图 4-10　UBML 开源架构

UBML 作为低代码平台的开发建模语言，是低代码平台的核心基础，其包含了具备开发语言无关性的建模标准（UBML-Standard），开发微服务应用的基础框架（CAF-Boot）以及内置了基于 UBML 标准的全栈业务模型（UBML-Models），并提供了可与模型进行全生命周期交互的开发服务与套件（UBML-SDK）及支撑模型运行的运行时框架（UBML-Runtime），下面将对这些内容分别进行介绍。

1．UBML-Standard

UBML-Standard 模块是 UBML 模型实现定义、管理、扩展等通用能力的核心标准与基石。其中，Base Schema 提供了 UBML 元模型的语义层规范，其是 UBML 开发语言无关性的基础。

Meta-Mode Core 具有标准性、复用性和可扩展性，为各类模型实现提供了标准的规约接口、公共模板库等公共核心能力，其对 UBML 的模型生态起到了标准化和支撑的作用。UBML-Standard 模块的组成，如图 4-11 所示。

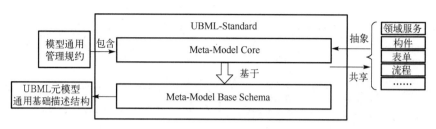

图 4-11　UBML-Standard 模块的组成

2．UBML-Models

UBML 从应用分层架构出发，结合了微服务架构、领域驱动设计理念，把企业业务抽象模型化，用元数据的方式描述业务的模型，形成了覆盖持久化层、领域层、业务流程层、BFF 层、UI 层的全栈模型体系，为业务应用开发提供了基于全栈的建模开发支撑。

3．UBML-SDK

工程化是 UBML 低代码建模的一大特点。UBML 将模型视为源代码，其可被存储为文件，以工程化结构组织，并提供 SDK，可以与当前流行的源代码管理工具、CI/CD 工具进行集成，融入了现代化的开发模式。UBML-SDK 提供了 CLI 和 IDE 两种使用形式，其中 CLI 主要用于 CI 脚本，IDE（Web）则提供图形化工具入口。CLI 和 IDE 复用一套公共类库，二者提供不同的入口封装。IDE（Web）模式支持多人协同开发，其 SDK 的类库会加载到 Server 进程中，因此需要考虑对多人并发的支持，UBML-SDK 架构如图 4-12 所示。

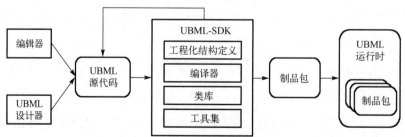

图 4-12　UBML-SDK 架构

4．UBML-Runtime

UBML 支持代码生成、解析两种运行模式，并提供了面向特定语言的代码生成器（Generators）和直接运行的解析器（Engines），在运行时支持"生成+解析"混合运行模式，可以实现运行时定制化开发。

5．CAF-Boot

UBML 用来开发微服务应用的基础框架，提供了各种基础组件，如 Cache、RPC、Log 等，其主要存放在 CAF-Framework 和 CAF-Boot 等仓库中。

CAF-Framework：UBML 开发微服务应用的基础框架，提供了 Cache、RPC、Log 等基础组件。

CAF-Boot：针对 CAF-Framework 基础框架提供的各个组件进行自动装配，简化了开发依赖，使得 Framework 基础组件可以以插件的方式在运行时进行灵活配置加载。

UBML 具有以下六大技术特征：

- 开放性。UBML 提供了一套独立于模型实现的标准 UBML-Standard，其所面向的应用类型、模型种类和模型数量是可以进行扩展的。

- 开发语言无关性。UBML 的模型具有开发语言无关性，其基于领域特定语言进行 DSL 描述，比如 JSON、XML 等，其可通过多种开发语言来实现，比如 Java、Python、C#等（目前仅提供了 Java 实现）。

- 云原生。UBML 遵循云原生设计理念，基于微服务架构，实现了对容器化部署的支持。

- 模型工程化。UBML 具有工程化结构，支持与源代码管理、制品管理库、CI/CD 等工程化工具进行集成，无缝融合了

DevOps 等现代化研发流程。

● 全栈模型刻画。UBML 从应用分层架构出发，结合了微服务架构、领域驱动设计理念，把企业业务抽象模型化，用元数据的方式描述业务的模型，形成了覆盖持久化层、领域层、业务流程层、BFF 层、UI 层的全栈模型体系，为业务应用开发提供了基于全栈的建模开发支撑。

● 运行态定制。采用"代码生成 + 动态解析"的运行模式，实现运行时控制化开发，并支持 Hybrid 模式。

4.3.3　inBuilder 功能构成

浪潮 inBuilder 低代码平台不仅是一个开发工具，而且为企业提供了一种新的平台化研发模式，可以整合企业内外部不同角色的相关研发资源，形成一体化的研发生态。

为了能够全面支撑企业的研发工作，低代码平台要具备满足企业内各类应用场景的开发需求的能力，从而进一步形成一体化的支撑赋能能力。浪潮 inBuilder 低代码平台的底层基于基础 PaaS 服务，提供了代码级的开发框架，并提供了支撑应用的公共服务和应用服务。此外，在开发工具方面，其提供了一体化的可视化开发工具和研发流水线。基于这些工具和服务，其实现了对全场景应用开发的支持，并提供了针对企业内不同角色的研发资源进行整合的企业研发生态。inBuilder 功能构成如图 4-13 所示。

4.3.4　inBuilder 关键技术

浪潮 inBuilder 低代码平台基于模型驱动架构的设计方法，采用可视化建模及业务化封装有效地屏蔽底层技术实现；支持多层开发。同时，其采用领域驱动设计方法，利用业务实体描述领域模型，将业务逻辑进行了细粒度的拆分、编排，最终实现了业务逻辑可沉淀。此外，其还提供了前后端分离的架构和全新一代 Farris Web UI 前端架构。下面将详细介绍 inBuilder 低代码平台的主要关键技术。

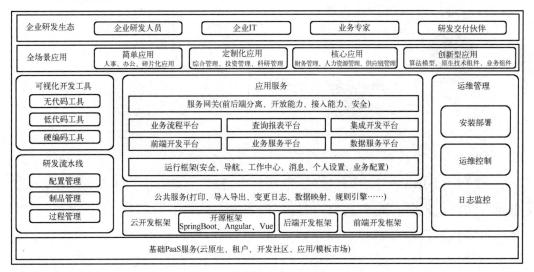

图 4-13　inBuilder 功能构成

1. 基于模型驱动设计

浪潮 inBuilder 低代码平台设计理念的核心是基于对应用软件有机构成元素的充分分析与合理抽象，将应用开发中的有规律性的、可复用的部分提炼出来，然后采用 MDA（Model Driven Architecture，模型驱动架构）的设计思想进行模型化定义，为模型的设计、开发提供图形化的快速建模工具，并在运行时基于解析引擎提供模型到实现的自动转换，从而实现具体的业务功能。浪潮 inBuilder 低代码平台的设计理念如图 4-14 所示。

浪潮 inBuilder 低代码平台采用可视化建模及业务化封装有效地屏蔽了底层技术实现细节的复杂性和烦琐度，使应用软件开发者能够更专注于对业务模型的设计，进一步降低了开发使用门槛，从而

73

能够大幅提升软件的开发效率、稳定性、可集成性及可维护性，进而降低软件实现的技术难度及开发成本。

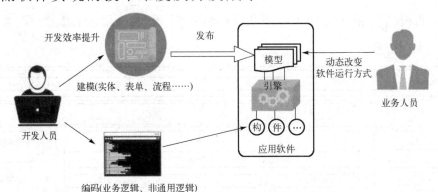

图 4-14　浪潮 inBuilder 低代码平台的设计理念

浪潮 inBuilder 低代码平台采用模型驱动架构的设计理念，基于业务应用进行开发模式的提炼、沉淀，内置提供了 40 种以上开发模型（DSL 语言描述的领域元模型）的可视化开发、建模工具，全面覆盖了应用系统开发所需的用户界面、API 服务、业务领域逻辑、实体数据结构、业务流程、打印、查询等开发内容要素。此外，平台还内置了大量的可重用技术构件、业务构件、开发模板等软件资产库。浪潮 inBuilder 低代码平台在对应的逻辑层次抽象、识别出了支撑各逻辑层次功能开发、运行的各类元数据，其主要元数据及层次对应关系如图 4-15 所示。

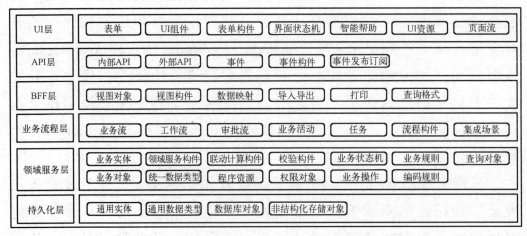

图 4-15　浪潮 inBuilder 低代码平台主要元数据及层次对应关系

2."生成+解析"的混合开发模式

浪潮 inBuilder 低代码平台支持"生成+解析"代码的混合开发模式，不支持源代码工程化，而且支持在两种工程之间进行相互引用，以实现资源的共享。"生成+解析"的混合开发模式，如图 4-16 所示。

图 4-16　"生成+解析"的混合开发模式

在运行时，浪潮 inBuilder 低代码平台提供了与元数据相对应的一系列运行时引擎，用来加载特定的元数据，并采用解析或编译的生成机制，提供应用系统运行时的可执行功能。

其部分元数据的运行时引擎通过 JIT 编译机制来实现。通过在开发期设置元数据发布到运行环境进行部署的时机，并采用预处理和动态加载的方式，将元数据自动转换成程序源代码并编译为可直接运行的原生程序文件，并利用精简部署及运行时处理机制，提高了运行效率和稳定性。

浪潮 inBuilder 低代码平台支持源代码工程化，其与技术平台无关，更方便进行二次开发。其针对不同种类的元数据，采用不同的编译器来实现，将元数据描述文件转换成程序源代码并编译为可直接运行的原生程序文件。其编译结果可在内存或文件系统中进行缓存。

该平台每新建一个生成型工程或解析型工程就需要新建一个元数据 metadata，并根据 metadata 生成 java 工程。Java 工程中存放的即为工程源代码，其支持在工程之间进行相互引用，以实现资源的共享。

3. 业务持续沉淀架构

浪潮 inBuilder 低代码平台采用领域模型设计方法，通过引用业务实体（BE）来描述领域模型。业务实体承载了实体数据结构和核心业务逻辑，通过其规范服务端开发，并将业务逻辑进行细粒度的拆分、编排，最终实现业务逻辑可沉淀。

浪潮 inBuilder 低代码平台基于微服务架构，将产品划分为若干服务，每个服务都是独立部署的，我们称之为服务单元（SU）。这些服务单元通过业务流来完成调用。在服务单元内部，采用领域驱动设计方法（DDD），识别出领域边界；而领域内部又可以分为三层架构，分别是：UI 层、业务逻辑层和数据访问层。其中，业务逻辑层又分为领域模型和服务两部分。领域模型包含了核心业务逻辑和对实体数据结构的定义。通过引入专门用来处理核心业务逻辑的业务实体框架，达到了规范业务开发、实现核心业务逻辑可沉淀复用的目的。

4. 前后端分离架构

浪潮 inBuilder 低代码平台采用前后端分离架构，提供 BFF 层，BFF 层是服务于前端的后端。与业内通用的前后端分离架构不同，其基于 BFF 层提供面向不同应用场景的服务，使得与特定应用场景相关的业务规则在 BFF 层实现，这样就避免了因前端交互模式的不同对后端核心服务造成影响，该架构更有利于后端逻辑的稳定与沉淀。如图 4-17 所示，其左侧是业内通用的前后端分离架构，右侧是 inBuilder 低代码平台采用的前后端分离架构。

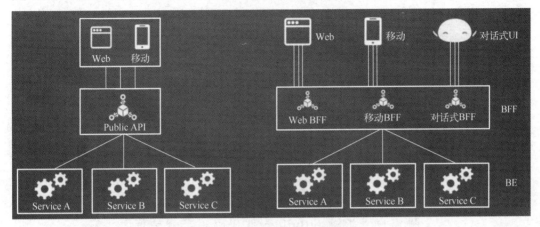

图 4-17　前后端分离架构

4.4　开发环境准备

本节将介绍浪潮 inBuilder 低代码平台的开发环境搭建、账号初始化以及集成开发环境的使用等内容。正所谓"工欲善其事，必先利其器"，只有学会使用低代码开发所需的资源及工具，我们才能更快、更好地利用浪潮 inBuilder 低代码平台实现企业的业务需求。

首先访问浪潮 inBuilder 社区，注册用户并登录，即可下载 inBuilder 安装盘。

下载安装盘后，可参考文档中心开发环境搭建章节来进行环境的搭建。

搭建完开发环境后，进行环境初始化和用户初始化。环境初始化是将下载的安装盘解压到搭建好的开发环境，并新建数据库实例，然后即可启动并进入 inBuilder 服务了。在开发环境所在的机器上使用浏览器访问 http://localhost:5200（以端口默认值为例）即可打开浪潮 inBuilder 低代码平台登录页面，如图 4-18 所示。

图 4-18　浪潮 inBuilder 低代码平台登录页面

用管理员账号登录并进入系统，然后打开系统组织菜单，根据实际情况，预置系统组织、用户、岗位和功能组即可。

第5章 案例学习：费用报销 管理系统（一）

　　本章进行本书中的第一个项目案例分析。前面我们已经学习了 inBuilder 低代码平台的设计与实现，同时了解了 inBuilder 低代码平台的核心建模体系和关键技术特性。现在，我们是时候做一些真正的项目实践了。在接下来的章节中，我们将讨论如何使用 inBuilder 低代码平台进行系统的设计和实现，先介绍费用报销管理系统的规格说明书，通过此说明书我们会发现，本案例要实现的功能是十分简单的。例如，本系统不涉及财务管理、资金管理等，其只是为员工提供最基本的费用报销管理功能。

　　以下是费用报销管理系统的规格说明书，其中包含了我们需要实现的功能及其相关的注意事项：

- 行政助理可以设置员工的报销额度，同时可以设置生效和失效机制。
- 员工可以进行手机费、交通费、差旅费这三种费用的报销。在填制报销单时，自动默认报销人员为当前登录用户，报销部门为当前登录用户所属部门，填制日期默认为当前日期。员工可以选择报销类型、填写报销说明；录入具体的报销费用明细后可自动合计生成报销总金额；填报完后可自动生成单据编号，并且可以上传费用发票附件。
- 员工可以对自己的报销单进行提交审批或者撤回提交审批操作，其中，未提交审批的报销单可以修改、删除。
- 员工可以按单据编号、报销人员、单据状态等条件进行报销单查询，并且可以查看某个报销单的详情。

5.1 规划关键应用、微服务、业务对象

在费用报销管理系统开发前，我们首先需要规划关键应用、微服务和业务对象。在前面章节中我们了解到，inBuilder 低代码平台遵循领域驱动设计理念，针对领域模型、限界上下文，使用关键应用和微服务来承载领域和子域，然后抽象业务对象，并用其描述领域模型中最细粒度的业务功能；在业务对象内部，通过封装表单、服务、视图模型、业务实体和数据库对象等元数据模型来对应领域驱动设计分层架构的不同层次。在规划费用报销管理系统的关键应用、微服务、业务对象前，先介绍一下这三者的关系和概念。

在 inBuilder 低代码平台开发体系中，业务按照产品→关键应用→微服务单元→业务对象的层级进行划分。

产品是为软件使用者提供使用价值的载体（产品本身可以是一个系统，也可以是众多系统的集合）。产品可以包含一个或多个关键应用，其是一个逻辑概念，不会对产品的部署、运行粒度造成影响。

关键应用是面向特定职能部门或用户群体的信息系统的高阶划分。其一般与业务域有着紧密的对应关系，对应企业核心价值链的特定环节。关键应用用来描述产品中能够独立运行并提供完整功能的系统。一个关键应用可以包括多个微服务。关键应用可以独立部署，通常关键应用推荐使用同一个数据库。

微服务单元是微服务程序打包、部署的最小单位，其由可执行程序集、页面、文档（最终用户支持材料和发布说明）等组成，是用户可以感知到的最小功能集。微服务单元可以独立部署。

业务对象是对封装了业务语义紧密耦合关系的业务实体数据以及围绕该业务数据的各类功能操作实现的一个整体性定义，是面向业务领域的一种稳定业务划分。从概念上来说，业务对象是一个业

务系统对业务功能范围进行分解的基本单位，其是对业务范围的指定。业务范围的划分依据主要是业务的内聚度。业务对象拥有比较清晰的外部边界，其内部围绕同一份业务实体数据，关系紧密，而业务对象之间是低耦合度的、低频交互的。业务对象应具有业务功能的独立性、完整性。一般而言，业务应用中的基础数据字典、业务交易单据、账本等业务功能，都是业务对象。

如图 5-1 所示，在开发平台中，业务对象是从元数据的业务视角进行组织的基本单位，所有的元数据都应从属于特定的业务对象。

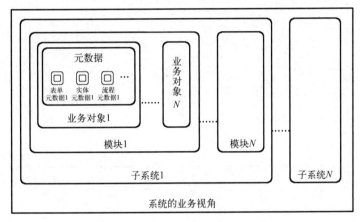

图 5-1　业务对象的从属关系

了解了上面的这些关系和概念后，我们就可以非常容易地划分费用报销管理系统的关键应用、服务单元和业务对象了。其划分情况如表 5-1 所示。

表 5-1　费用报销管理系统的划分情况

关键应用（App）	服务单元（SU）	业务对象分组（BOGroup）	业务对象（BO）
费用报销（FSSP）	基础数据（DF）	费用项目 ProjectsGroup	费用项目 Projects
	费用报销（FSSC）	报销基础设置 ReimburBF	报销标准设置 Standard Setting
		报销单据 ReimburBillGroup	报销单 ReimburBill

接下来，我们可以登录到系统，在"我的应用"中搜索"业务

对象”，然后打开业务对象页面，如图 5-2 所示，逐个添加关键应用、服务单元和业务对象。

图 5-2　业务对象页面

5.2　业务实体建模

inBuilder 低代码平台采用领域驱动设计（DDD）方法，引用业务实体（BE）来描述领域模型，业务实体承载了实体数据结构和核心业务逻辑。通过业务实体来规范服务端开发，将业务逻辑进行细粒度的拆分、编排，最终实现业务逻辑可沉淀。在设计时，必须提供业务实体建模、业务构件建模等相应的建模工具以供业务开发者进行业务实体的开发。

了解了业务实体的基本概念后，我们通过一个具体的业务实体开发案例来加深理解，即进行费用报销单中报销单业务实体的建模。

具体步骤如下：

步骤 1：如图 5-3 所示，进入设计器，选择"报销单据"业务对象。

图 5-3　设计器页面

步骤 2：新建业务实体，如图 5-4 所示，在常用任务中，选择"新建业务实体"，或者单击左侧导航栏中的"＋"号选择"新建业务实体"选项，此时可自定义元数据编号和名称。

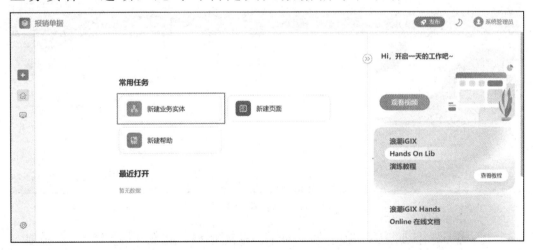

图 5-4　新建业务实体

低代码开发——从原理到实现

如图 5-5 所示，选择"手动创建"选项，新建 BE 元数据。如果有 DBO，那么也可选择"从 DBO 创建"选项。

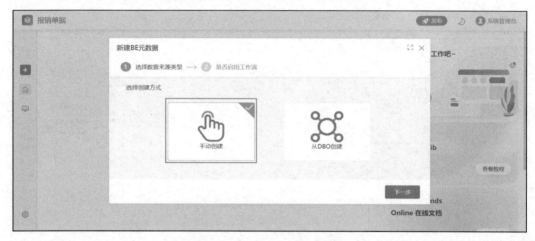

图 5-5　新建 BE 元数据

如图 5-6 所示，选择"启用工作流"选项，此时会在 BE 上自动添加"流程实例"和"单据状态"字段，并且在 BE 保存时会自动生成对应的流程分类。

图 5-6　启用工作流

步骤 3：添加主对象字段，如图 5-7 所示，此处可选择手工添加，也可选择从 CDM 文件导入，本例选择从 CDM 文件导入的方式，选择"导入 CDM 字段"选项。

84

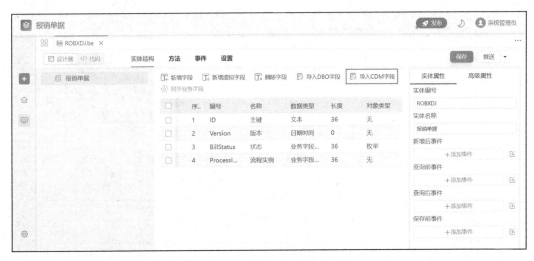

图 5-7　添加主对象字段

如图 5-8 所示，勾选"费用报销单"选项。

图 5-8　勾选"费用报销单"选项

设置关联，如图 5-9 所示，在表中"报销人员"一行设置关联，单击"报销人员"行中的"对象类型"属性。

如图 5-10 所示，选择"数据库的元数据"中的用户 GspUser。

如图 5-11 所示，设置关联带出字段，选择带出字段编号和带出字段名称。

图 5-9　设置关联

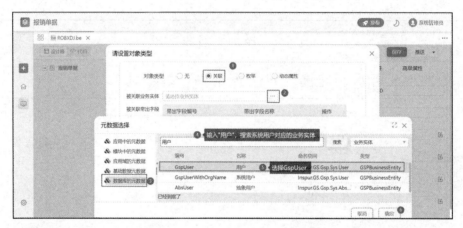

图 5-10　选择用户 GspUser

图 5-11　设置关联带出字段

如图 5-12 所示，在表中"所属部门"一行设置部门关联，单击"所属部门"的"对象类型"属性。

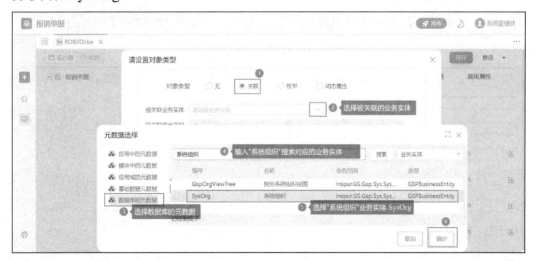

图 5-12　设置部门关联

如图 5-13 所示，选择"数据库的元数据"中的"系统组织"业务实体 SysOrg。

图 5-13　选择"系统组织"业务实体 SysOrg

如图 5-14 所示，选择关联带出字段，选择带出字段编号和带出字段名称。

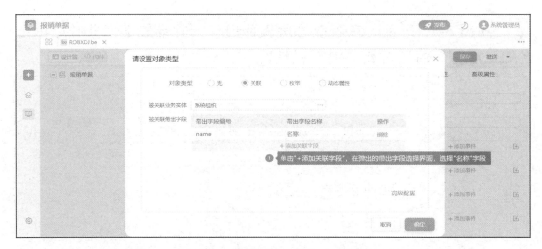

图 5-14　选择关联带出字段

同理，在"项目经理"字段设置关联，其设置步骤与报销人员完全一致，此处不再展示截图。其所属项目字段使用文本即可，无须设置字段关联。

接下来，在表中"报销类型"一行设置枚举值，单击"报销类型"的"对象类型"属性，将"报销类型"的对象类型设置为图 5-15 所示的"枚举"，并添加枚举值，其中，枚举值索引可使用数字或字符串，本例默认使用数字作为索引。

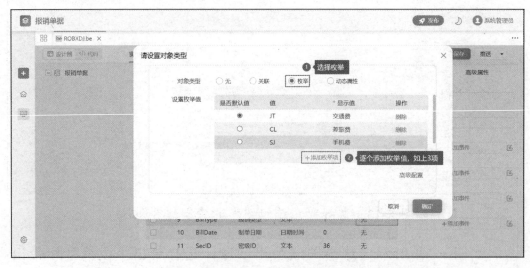

图 5-15　设置"报销类型"的对象类型为"枚举"

如图 5-16 所示，同理将"稽核状态"的对象类型设置为"枚举"，并依次添加图 5-16 中的枚举值，注意此处需要调整"稽核状态"文本长度，本例采用默认长度 36。

图 5-16　设置"稽核状态"的对象类型为"枚举"

至此，报销单主表字段全部设置完成，相应字段及设置内容的完整截图如图 5-17 所示。

图 5-17　完整截图

步骤 4：新添"报销明细"子级对象，如图 5-18 所示，选择"报销单据"主对象，单击"新增子级对象"选项。

图 5-18　新增子级对象

如图 5-19 所示，自定义子级对象信息，填写对象编号（BXMX）和对象名称（报销明细）。

图 5-19　自定义子级对象信息

如图 5-20 所示，与主表相同，选择从 CDM 文件导入，勾选"费用报销单明细"选项。

图 5-20　勾选"费用报销单明细"选项

"报销明细"子级对象添加完成后，字段信息如图 5-21 所示。

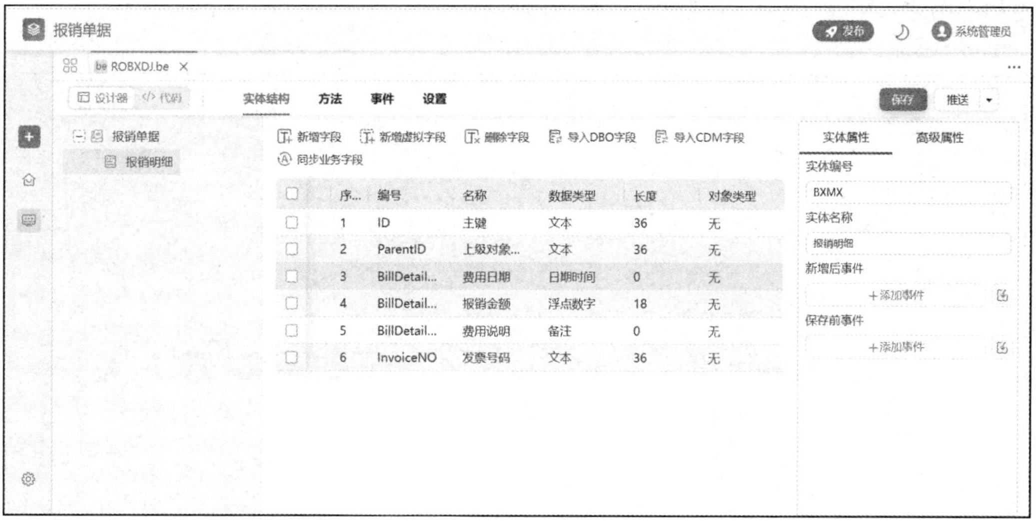

图 5-21　"报销明细"子级对象字段信息

步骤 5：添加"附件"子级对象，如图 5-22 所示，选中"报销
明细"子级对象，单击"新增同级对象"选项，修改实体编号为"FJ"，
实体名称为"附件"，并选择从 CDM 文件导入，勾选"附件信息表"
选项。

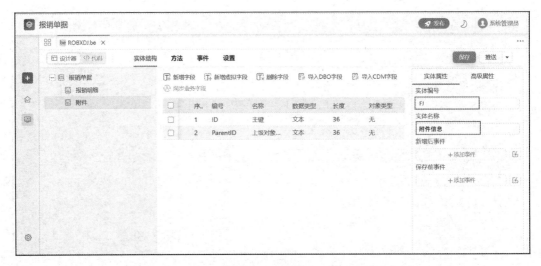

图 5-22　添加"附件"子级对象

如图 5-23 所示，修改"附件"子级对象中"附件信息"字段的数据类型为"业务字段"。

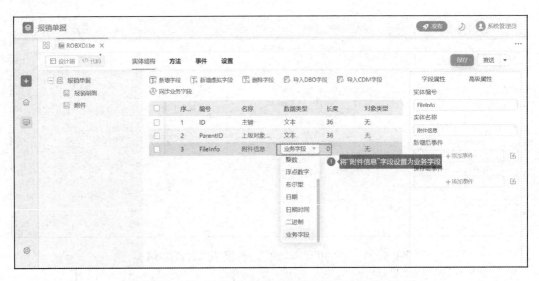

图 5-23　修改"附件信息"字段的数据类型

设置结果如图 5-24 所示。设置完成后保存。

图 5-24　设置结果

5.3　业务逻辑开发

在费用报销管理系统的需求规格说明书中明确提出：在填制报销单时，"报销人员"字段以系统当前登录用户为默认值，"所属组织"字段以当前登录用户所属组织为默认值。这个需求应怎么实现呢？

我们可以看出，这是一个简单的赋值逻辑，可在填制时，也就是新增时实现。这类的赋值逻辑我们可以写在哪里呢？

业务实体描述领域模型，并且承载了实体数据结构和核心业务逻辑。接下来，我们就详细了解一下业务实体的业务逻辑。

步骤 1：选中根节点，切换到"事件"标签页，在"事件分类"下选择"新增后"选项，单击"添加事件"按钮，对在弹出的对话框中单击"确定"按钮，如图 5-25 所示。

步骤 2：新增的事件如图 5-26 所示，然后直接单击"编码"按钮，打开该方法的代码编辑器。

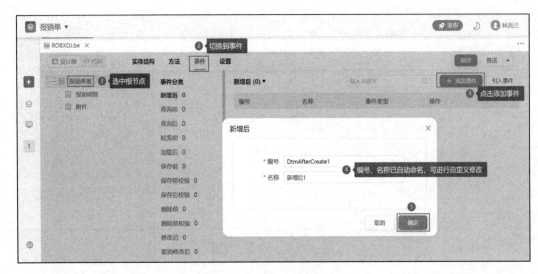

图 5-25　添加事件

如图 5-27 所示，我们可直接在内置的代码编辑器下编写代码，也可以单击右上方"idea 打开"按钮。

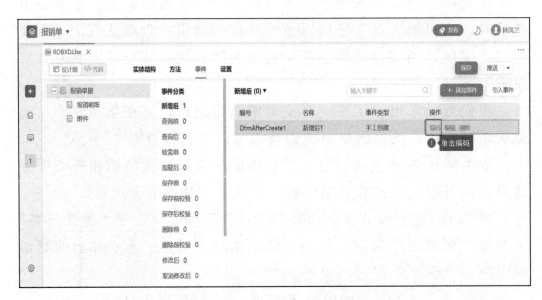

图 5-26　添加新增后事件

第 5 章　案例学习：费用报销管理系统（一）

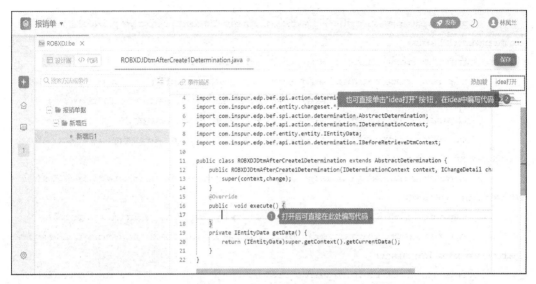

图 5-27　代码编辑器

如图 5-28 所示，编写如下赋值逻辑代码：

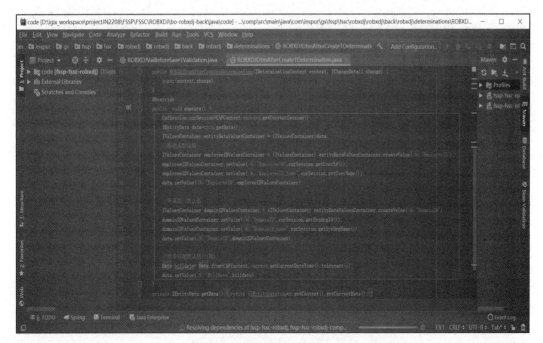

图 5-28　代码在 idea 中的展示效果

95

```
      package com.inspur.gs.fssp.fssc.robxdj.robxdj.back.robxdj.
determinations;
      import com.inspur.edp.cef.api.message.*;
      import com.inspur.edp.bef.api.action.determination.*;
      import com.inspur.edp.bef.spi.action.determination.*;
      import com.inspur.edp.cef.entity.changeset.*;
      import  com.inspur.edp.bef.spi.action.determination.Abst-
ractDetermination;
      import com.inspur.edp.bef.api.action.determination.IDeter-
minationContext;
      import com.inspur.edp.cef.entity.entity.IEntityData;
      import com.inspur.edp.bef.api.action.determination.IBefore-
RetrieveDtmContext;
      import com.inspur.edp.cef.entity.entity.IValuesContainer;
      import io.iec.edp.caf.boot.context.CAFContext;
      import io.iec.edp.caf.core.session.CafSession;
      import java.util.Date;

      public  class  ROBXDJDtmAfterCreate1Determination  extends
AbstractDetermination {
         public  ROBXDJDtmAfterCreate1Determination ( IDetermina-
tionContext context, IChangeDetail change) {
            super(context,change);
         }
         @Override
         public void execute() {
            CafSession curSession=CAFContext.current.getCurrent-
Session();
            IEntityData data=this.getData();
            IValuesContainer    entityDataValuesContainer    =
(IValues- Container)data;
            //报销人默认值
            IValuesContainer employeeIDValuesContainer = (IValu-
esContainer) entityDataValuesContainer.createValue("EmployeeID");
            employeeIDValuesContainer.setValue("EmployeeID",
curSession.getUserId());
            employeeIDValuesContainer.setValue("EmployeeID_
Name",curSession.getUserName());
```

```
        data.setValue    （    "EmployeeID",employeeIDValues-
Container）;

        //所属部门默认值
        IValuesContainer domainIDValuesContainer = （IValue-
sContainer） entityDataValuesContainer.createValue（"DomainID"）;
        domainIDValuesContainer.setValue（"DomainID",
curSession.getSysOrgId（））;
        domainIDValuesContainer.setValue（"DomainID_name",
curSession.getSysOrgName（））;
        data.setValue（"DomainID",domainIDValuesContainer）;

        //制单日期默认值（日期）
        Date billdate= Date.from（CAFContext.current.getCur-
rentDateTime（）.toInstant（））;
        data.setValue（"BillDate",billdate）;
    }
    private IEntityData getData（）{
        return（IEntityData)super.getContext（）.getCurrent-
Data（）;
    }
    }
```

5.4　页　面　建　模

inBuilder 低代码平台提供了一套可视化表单设计器。这些表单设计器采用 Farris 框架为开发者提供企业级应用开发领域的最佳实践。

我们进行报销单填报界面的建模时，可以使用 inBuilder 低代码平台提供的可视化表单设计器，通过拖曳的方式进行页面快速建模。以下为报销单界面建模的具体步骤：

步骤 1：如图 5-29 所示，单击左侧导航栏中的"+"按钮，选择"新建页面"选项。

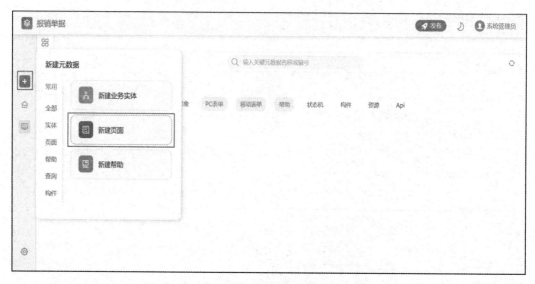

图 5-29　新建页面

如图 5-30 所示，在弹出的对话框中自定义元数据编号和名称。

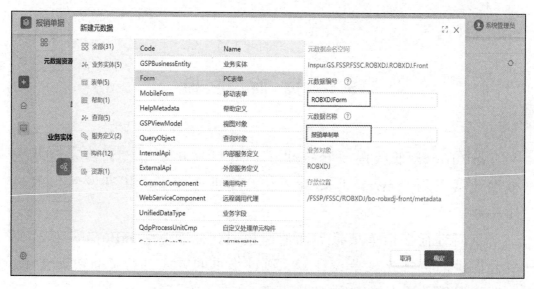

图 5-30　自定义元数据编号和名称

如图 5-31 所示，选择表单模板中的"内置卡片界面"选项。

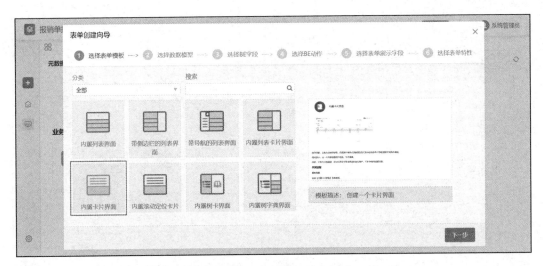

图 5-31　选择"内置卡片界面"选项

如图 5-32 所示，选择"应用的元数据"中的"报销单据"作为 BE 元数据。

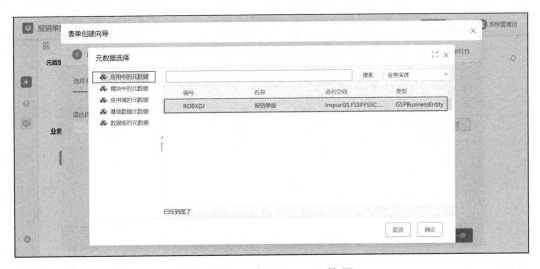

图 5-32　选择 BE 元数据

如图 5-33 所示，默认全部勾选 BE 字段，这些字段会构成表单对应添加相关说明的字段。

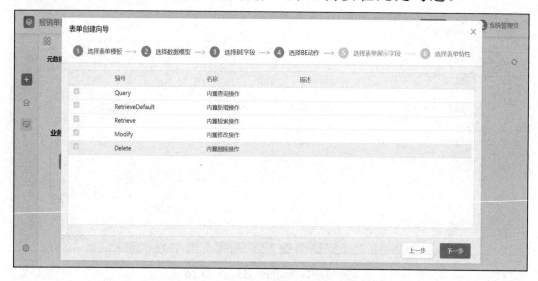

图 5-33　默认全部勾选 BE 字段

如图 5-34 所示，默认全部勾选低代码平台内置的 CRUD 动作，如果 BE 上存在用户自定义的动作，那么需要在此处勾选。

图 5-34　默认全部勾选低代码平台内置的 CRUD 动作

如图 5-35 所示，选择表单展示字段，表单包含的字段有：状态、流程实例、报销人员、所属部门等。

图 5-35　选择表单展示字段

"报销"子表的全部字段信息，如图 5-36 所示。

图 5-36　"报销明细"子表的全部字段信息

"附件"子表的全部字段信息，如图 5-37 所示。

如图 5-38 所示，选择表单特性。由于表单界面需要走审批流程，故此处需要勾选"启用工作流"选项。勾选后，表单界面会默认生成"提交审批"和"取消提交审批"两个按钮以及相应的命令控件。

图 5-37 "附件"子表的全部字段信息

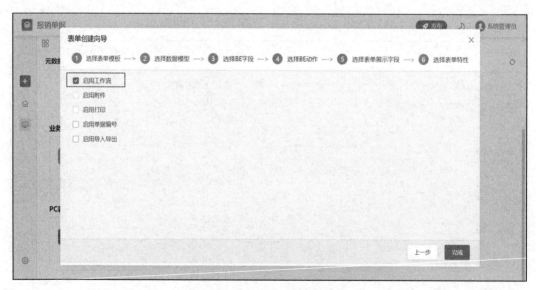

图 5-38 选择表单特性

如图 5-39 所示，表单创建完成后，选中要修改的控件，在界面右侧的"属性"标签页进行标签名称的修改。"报销人""所属组织""项目经理"均按此方式进行修改。

图 5-39　修改字段标签名称

通过拖曳的方式调整控件显示顺序，调整后的顺序如图 5-40 所示。

图 5-40　调整控件显示顺序

如图 5-41 所示，设置基本信息分组。

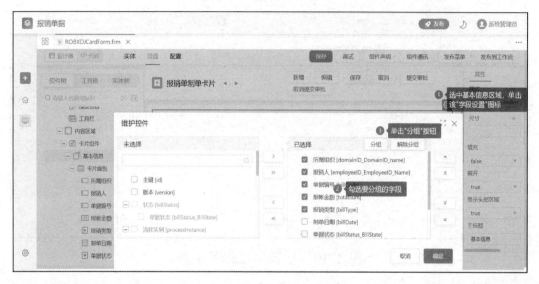

图 5-41　设置基本信息分组

如图 5-42 所示，修改分组名。

图 5-42　修改分组名

如图 5-43 所示，设置高级信息。

图 5-43　设置高级信息

如图 5-44 所示，设置"报销人"和"报销类型"为必填字段，只需将控件的相关必填属性设置成 true 即可。

图 5-44　设置必填字段

如图 5-45 所示，将"所属组织"设置为帮助字段，此处需要修改"控件类型"为"帮助"。

图 5-45 修改"控件类型"为"帮助"

如图 5-46 所示，设置帮助数据源。

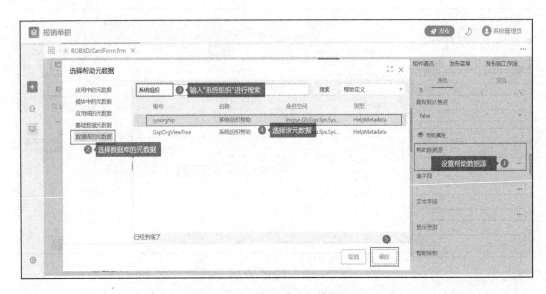

图 5-46 设置帮助数据源

如图 5-47 所示，设置帮助映射。

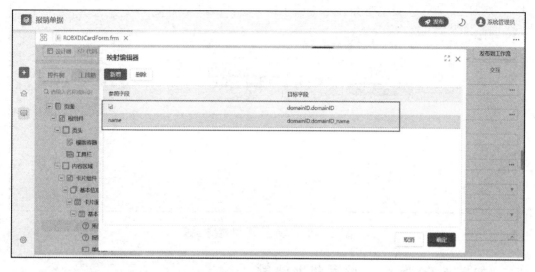

图 5-47　设置帮助映射

如图 5-48 所示，将"报销人"设置为帮助字段。

图 5-48　将"报销人"设置为帮助字段

如图 5-49 所示，设置帮助数据源。

图 5-49　设置帮助数据源

如图 5-50 所示，设置帮助映射。

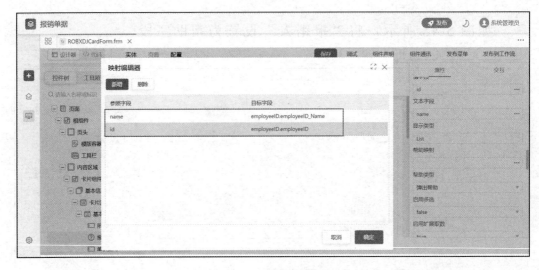

图 5-50　设置帮助映射

设置"项目经理"为帮助字段，可完全参照"报销人"的设置方式，此处不再展示截图。

设置"报销说明"富文本录入，并将"报销说明"移动到页面最下方，同时修改其"控件类型"为"富文本"，如图 5-51 所示。

图 5-51　修改"控件类型"为"富文本"

如图 5-52 所示，调整样式，将副文本控件的 class 样式都调整为"col-6"。

图 5-52　调整样式

步骤 2：设置制单日期默认值。

如图 5-53 所示，单击左侧导航栏中的"资源管理器"图标，选择"视图对象"标签页，打开"报销单制单卡片_frm"。

图 5-53　打开"报销单制单卡片_frm"

如图 5-54 所示，设置"制单日期"的默认值类型为"表达式类型"。

图 5-54　设置"制单日期"的默认值类型

如图 5-55 所示，设置"制单日期"的默认值为"获取当前日期时间"。

图 5-55　设置"制单日期"的默认值

如图 5-56 所示，格式化制单日期。

图 5-56　格式化制单日期

如图 5-57 所示，设置报销明细排列方式。

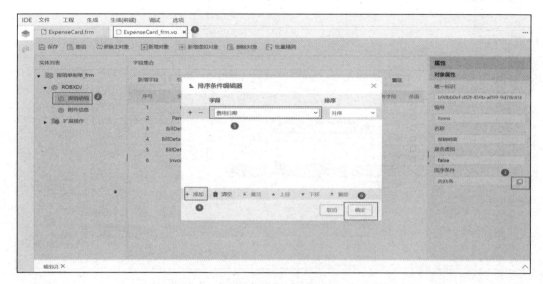

图 5-57　设置报销明细排列方式

如图 5-58 所示，设置报销明细子列表、报销单附件子列表的"自动列宽"属性为 true。

图 5-58　设置"自动列宽"属性

当"所属部门"的数据被清空时，需要同时清空该部门的"报销人员"。如图 5-59 所示，选择报销人控件，设置依赖表达式。

图 5-59　设置依赖表达式

在弹出的"依赖表达式编辑器"对话框中设置如图 5-60 所示的表达式。

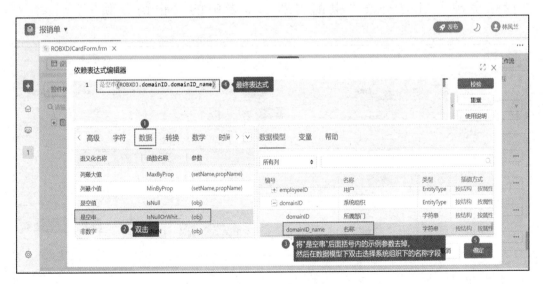

图 5-60　设置表达式

单击"发布"按钮，然后单击表单元数据上的"调试"按钮即可看到依赖表达式的设置效果，如图 5-61 所示。

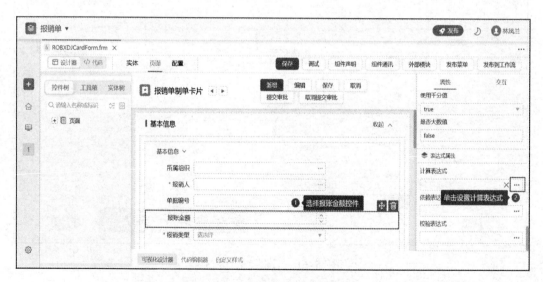

图 5-61　依赖表达式的设置效果

如图 5-62 所示，设置主表"报账金额"的计算表达式，使主表"报账金额"自动关联"报销明细"子表中的"报销金额"。

图 5-62　设置计算表达式

如图 5-63 所示，在弹出的计算表达式编辑器中设置求和表达式。

图 5-63　设置求和表达式

如图 5-64 所示，设置"报账金额"为只读字段。

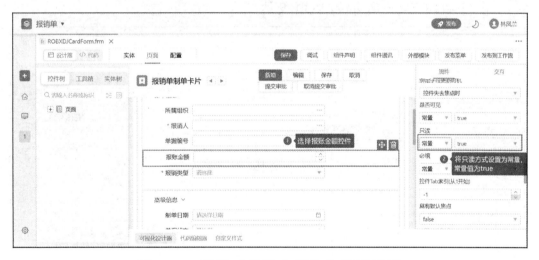

图 5-64　设置"报账金额"为只读字段

单击"发布"按钮，然后单击表单元数据上的"调试"按钮即可看到"报账金额"的设置效果。

当"报账金额"的值大于 10000 时，必须填写报销说明。如图 5-65 所示，选择"报销说明"，设置其必填表达式。

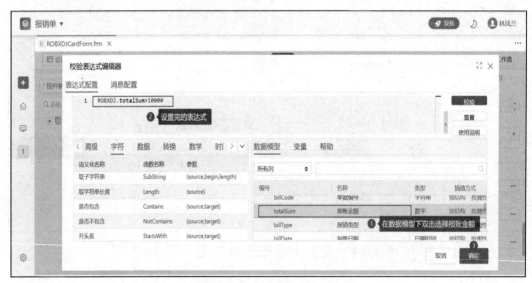

图 5-65　设置报销说明字段

设置如图 5-66 所示的必填表达式。

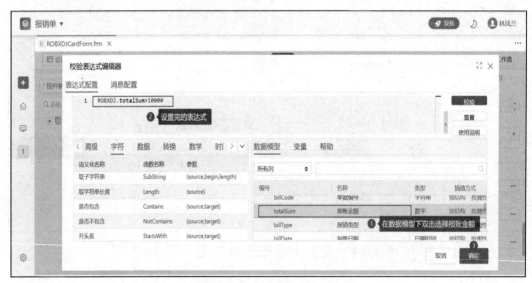

图 5-66　必填表达式

单击"发布"按钮，然后单击表单元数据上的"调试"按钮即可看到"必填表达式"的设置效果。

如图 5-67 所示，设置发票号码长度不小于 8 位。选择"发票号码"，设置校验表达式。

图 5-67　设置发票号码长度不小于 8 位

如图 5-68 所示，在弹出的"校验表达式编辑器"对话框中设置检验表达式。

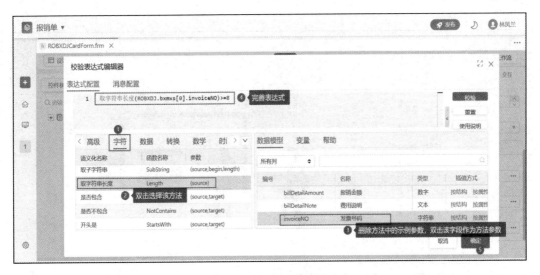

图 5-68　设置检验表达式

如图 5-69 所示，设置消息配置。

单击"发布"按钮，然后单击表单元数据上的"调试"按钮即可看到字段长度的设置效果。

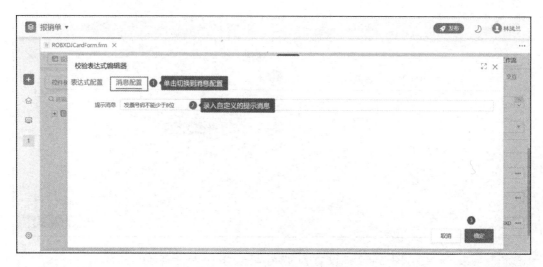

图 5-69　设置消息配置

设置完表单后，直接单击"发布"按钮，提示发布成功后即可查看运行效果，应用发布中的页面如图 5-70 所示。

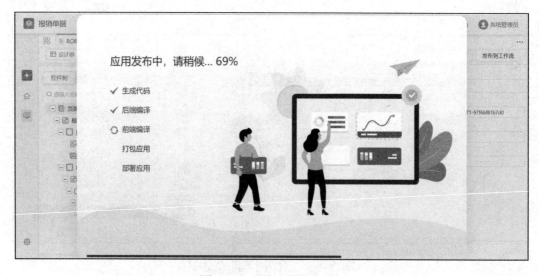

图 5-70　应用发布中

单击报销单制单页面的"调试"按钮，即可查看运行效果。如果运行过程无误，那么就可以单击"新增"按钮，进行报销操作了，报销操作效果图如图 5-71 所示。

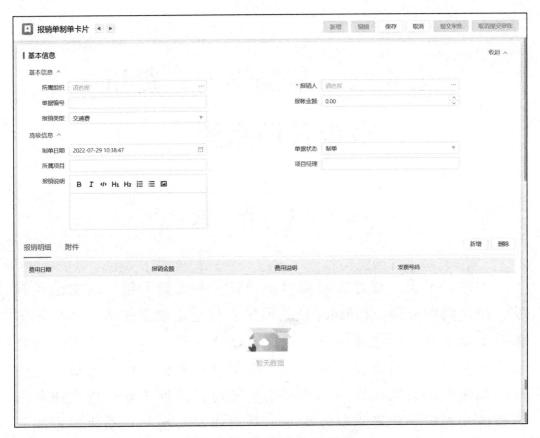

图 5-71　报销操作效果图

第6章 案例学习：费用报销管理系统（二）

6.1 工 作 流

本章基于上一章开发的费用报销管理系统做了第二次的迭代开发。如何利用浪潮 inBuilder 低代码平台快速定制企业的自动化工作流是本章要介绍的主要内容。构建自动化流程、避免重复性劳动是低代码平台的一类典型应用场景。大部分重复性工作是遵循一定的规律和流程的。低代码平台的模块化和可扩展性正好可以实现利用典型的功能模块代替重复性劳动，从而快速实现对自动化流程的开发。本章以浪潮 inBuilder 低代码平台为例，通过动手实践的方式带读者熟悉典型工作流的实现方法。

6.1.1 工作流介绍

inBuilder 低代码平台的工作流平台是面向应用架构，支持定义、创建、执行工作流的流程平台。其提供了 Web 可视化的流程设计器，支持顺序、分支、并发、子循环、多路选择等多种基本工作流模式并支持这些工作流模式的跳转，以满足加签、会签等特色业务模式需求。其还能支撑服务单元内部的业务状态变更并驱动任务流转的业务场景。工作流平台着重解决了企业和组织的流程自动化需求，使业务能够规范、有序地运行，并着重提高协调、沟通的效率和效果。inBuilder 低代码平台的工作流平台概况，如图 6-1 所示。

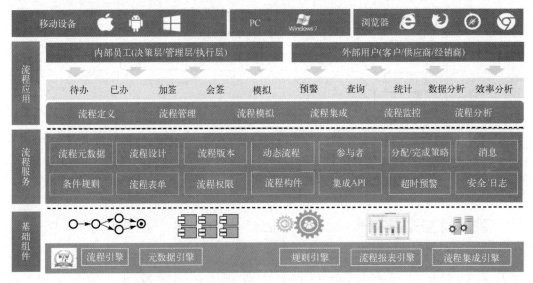

图 6-1　inBuilder 低代码平台的工作流平台概况

6.1.2　基本概念介绍

流程分类是业务和流程集成的规则约定，与工作流集成的业务形式可以是单据、字典、报表等。对于最常用的单据来说，其既可以是单据类型的，又可以是业务类型的，甚至可以是单据流转记录，这些不同的业务形式都有与工作流进行集成的需求。工作流将这些不同的业务形式进行统一封装的过程，称为流程分类。

流程分类一般由业务开发者预置，绑定了业务的模型、构件、表单、分配关系和参与者等信息，而且工作流引擎对业务的所有要求，都在流程分类上进行集成封装。最终业务用户定义流程时只需直接选择流程分类，就可以自动识别对应的绑定信息。在对业务功能做产品规划时，如果需要与流程做集成，那么需要在产品发布的同时预置对应的流程分类（数据模型、流程构件、表单定义、维度定义等），如图 6-2 所示。

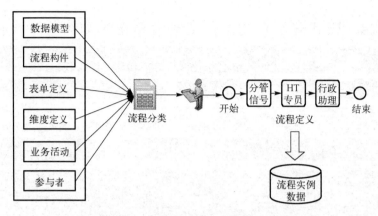

图 6-2 流程分类工作原理

数据模型是对业务实体对象的结构的描述。在流程引擎中其代表了业务实体，是分配维度、分支条件、参与者等表达式上下文中最核心的对象，而在云（Cloud）中使用 BE 元数据对其进行描述。

流程构件是指流程对业务的调用方式，其主要分为加载业务实体数据的取数据接口和回写单据状态的业务处理接口。工作流平台内置提供了业务实体流程构件，支持 BE 取数据操作、流程实例 ID 及单据状态回写操作等。具体业务功能的逻辑处理及回写操作的实现，需要业务组人员单独开发相应的构件来完成。

表单定义是指最终业务用户通过任务联查确认业务表单的规则入口。在进行任务联查时，可以通过解析流程节点中关于表单定义的描述，打开对应的业务表单。一个流程分类可以定义多个不同的表单。针对个别节点（如稽核）需要查看特定的表单格式情况，需要提前开发相关的表单并发布为菜单，然后将其预置到流程分类中。

维度定义是单据和流程之间的分配依据。理论上，单据和流程之间的关系是多对多的关系，具体表现在一个业务种类对应一个基础流程分类，但对于同一个基础流程分类来说（即一个业务种类），不同单位、不同业务类型可能有各自不同的流程定义。

业务活动是流程对特定处理环节的抽象封装，如初审、稽核、复核等活动节点，一般会触发后台特定的业务操作。节点办理人（参

与者）多为专职专岗人员，因此特定业务模块的开发者可预置、开
发其所需的业务活动，并将其注册到对应的流程分类中。这样在流
程设计器工具栏中就会加载对应的业务活动，使实施人员或业务用
户可像普通审批活动一样将该活动拖曳到主操作区，并设置相应的
参与者。部分业务活动构件在运行时就已经配置好了的参数，在设
计器业务活动属性中，以活动参数的形式提供给业务用户。

　　参与者默认支持用户、岗位、汇报关系等类型，其他组织类型
（如销售组织、采购组织等）由各模块业务开发者进行自定义扩展，
并注册到相关模块的流程分类中。对于特定模块、业务来说，只要
实施人员或业务用户在流程设计器中，就可以选到公共内置和自定
义扩展并预置的参与者类型。

6.1.3　创建工作流

　　本节以费用报销单审批场景为例，详细介绍工作流定义和使用
的过程。费用报销单审批流程如图 6-3 所示。

图 6-3　费用报销单审批流程

　　项目经理：变量参与者（实体字段"项目经理"），其是流程
发起人，不参与审批工作。

　　部门经理：岗位参与者，指定到部门经理岗；该节点需要由项
目经理指派并选择具体的审批人，如果是上一个节点的办理人，那
么流程会自动通过；部门经理审批通过后，如果报账金额大于 10 万

元，那么需要总经理审批，否则直接进入稽核环节。

总经理：系统用户参与者，其所在环节最少需要 3 个参与者审批，其中，必须超过 50%的参与者通过，这个节点才算通过；任何一个参与者驳回，单据就会被驳回。

稽核：岗位参与者，指定到稽核岗；办理人将任务驳回到制单人，制单人修改后再次提交，并直接回到稽核节点；参与者需要先领用任务，然后才能进行办理。

对于所有节点，当找不到参与者时，会自动流转到下一个节点。

了解了报销单审批流程后，我们就可以进行流程的创建和使用了，具体步骤如下。

步骤 1：流程分类配置。

打开流程分类功能，选择"流程平台"→"工作流平台"→"流程基础数据"→"流程分类"选项，进行流程分类配置，如图 6-4 所示。

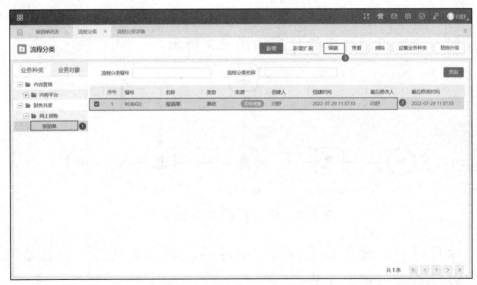

图 6-4　流程分类配置

在"表单构件"标签页中选中推送的表单格式，保存流程分类配置，详情如图 6-5 所示。

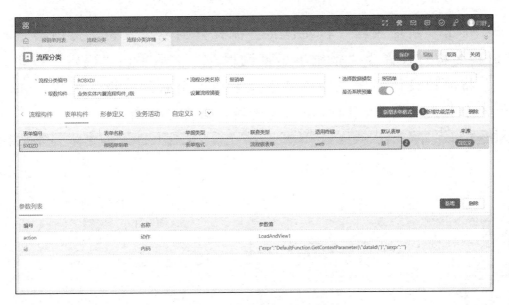

图 6-5　流程分类配置详情

步骤 2：流程设计。

步骤 2.1：新建流程。

打开流程设计菜单，选择"流程平台"→"工作流平台"→"流程建模"→"流程设计"选项，如图 6-6 所示。

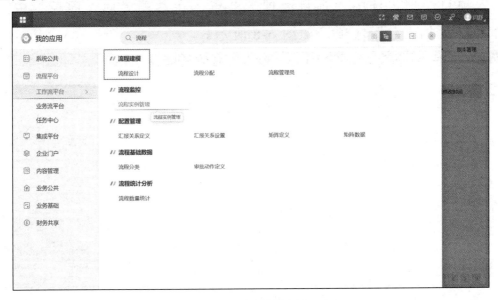

图 6-6　流程设计

低代码开发——从原理到实现

单击"新增流程"按钮，将"流程分类"设置为"报销单"，"流程名称"设置为"报销单审批流程"，然后单击"确定"按钮。

将流程设计界面左侧的基本元素拖动至右侧的设计区域，并修改各个节点的名称，同时增加连接线，如图 6-7 所示。

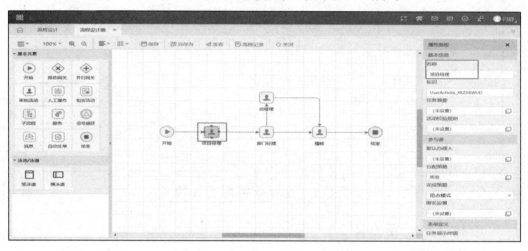

图 6-7　流程节点设置

步骤 2.2：项目经理节点配置。

项目经理：选中"项目经理"节点，在右侧"属性面板"中选择"默认办理人"选项，如图 6-8 所示。

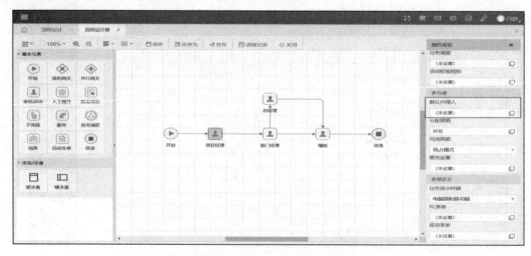

图 6-8　项目经理节点配置

单击"新增"按钮并选择"变量参与者"选项，如图 6-9 所示。

图 6-9　新增变量参与者

选择"项目经理"字段，输入高级表达式，将其设置为流程参与者，如图 6-10 所示。

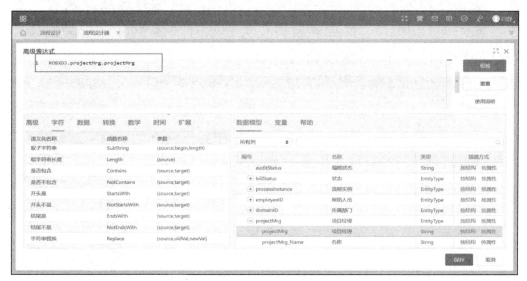

图 6-10　输入高级表达式

单击"办理人选项"按钮，勾选"流程发起人默认不参与审批"选项，完成参与者选项设置，如图 6-11 所示。

图 6-11　参与者选项设置（1）

步骤 2.3：部门经理节点配置。

部门经理：选中"部门经理"节点，在右侧"属性面板"中选择"默认办理人"选项，然后单击"新增"按钮并选项"岗位"选项，如图 6-12 所示。参与者的岗位类型选择"组织岗"，岗位选择"部门经理岗"，即可完成参与者设置。

图 6-12　新增岗位

　　单击"办理人选项"按钮，勾选"上一节点办理人员默认自动
审批通过"选项，完成参与者选项设置，如图 6-13 所示。

图 6-13　参与者选项设置（2）

　　在右侧"属性面板"中选择"分配策略"选项，并将"选项"
的值设置为"指派"，如图 6-14 所示。

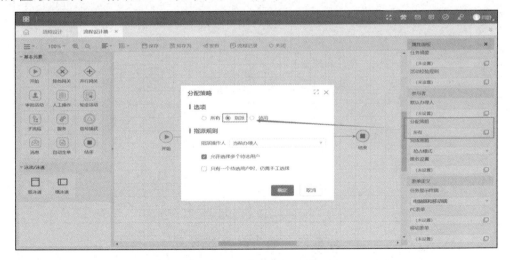

图 6-14　设置分配策略

　　单击"部门经理"与"总经理"之间的连接线，然后在右侧"属
性面板"中选择"条件"选项，并在弹出的"条件编辑"对话框中
设置条件，如图 6-15 所示。

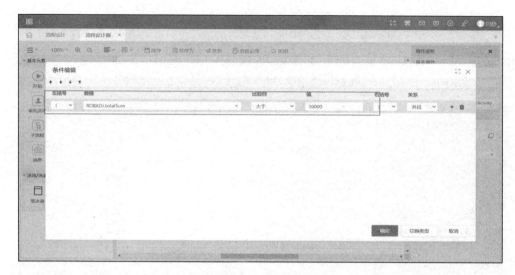

图 6-15　设置条件

单击"部门经理"与"稽核"之间的连接线，然后将右侧"属性面板"中的"缺省转移线"的值设置为"是"，如图 6-16 所示。

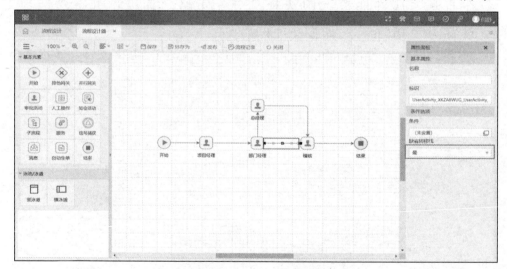

图 6-16　缺省转移线设置

步骤 2.4：总经理节点配置。

总经理：选中"总经理"节点，在右侧"属性面板"中选择"默认办理人"选项，然后单击"新增"按钮并选择"用户"选项，如图 6-17 所示。

图 6-17　新增用户

在"参与者选择"选项中，添加三个系统用户，如图 6-18 所示。

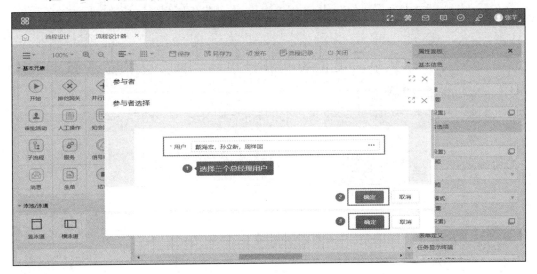

图 6-18　添加三个系统用户

将"完成策略"修改为"并行会签"并设置会签规则，其中"通过"规则的计算方式为"按比例(%)"，条件值为"50"，"驳回"规则的计算方式为"按数量"，条件值为"1"，如图 6-19 所示。

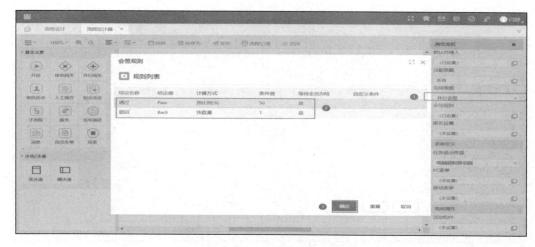

图 6-19　设置会签规则

步骤 2.5：稽核节点配置。

稽核：选中"稽核"节点，并在右侧"属性面板"中选择"默认办理人"选项。单击"新增"按钮并选择"岗位"选项，然后设置岗位参与者，其中，岗位类型选择"组织岗"，岗位选择"稽核岗"，如图 6-20 所示。

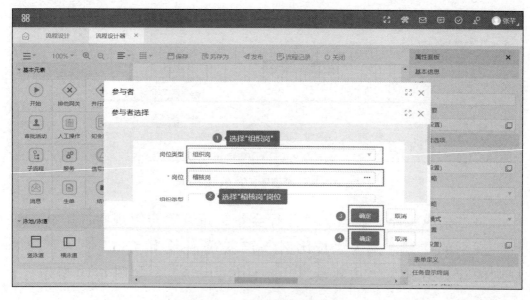

图 6-20　设置岗位参与者

设置驳回规则，选择驳回至"开始节点"，并勾选"允许动态选择驳回目标节点"选项，如图 6-21 所示。

图 6-21　设置驳回规则

单击"分配策略"并将其"选项"值设置为"领用"，如图 6-22 所示。

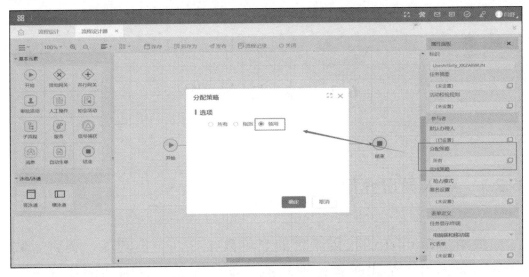

图 6-22　设置分组策略

步骤 2.6：所有节点。

当找不到参与者时，所有节点都会自动流转到下一个节点。默认情况下，所有节点"办理人为空"策略是自动向下流转的，不需要再进行设置。

至此，就完成了流程的创建，可单击"保存"按钮并单击"发布"按钮，如图 6-23 所示。

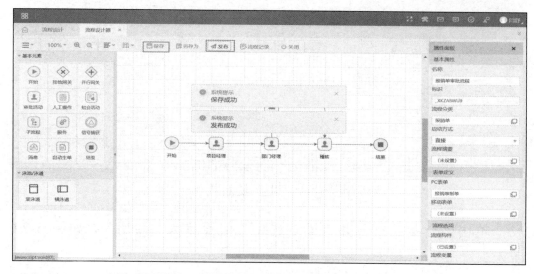

图 6-23　保存并发布

6.2　导　入　导　出

6.2.1　导入导出介绍

浪潮 inBuilder 低代码平台的表单数据导入导出功能，提供了数据导入导出的一站式配置处理功能，能够在无代码编写的情况下完成表单数据的导入导出，可以满足用户在不同场景下的数据导入导出需求，具有简单、快速、灵活等特性，其功能架构如图 6-24 所示。

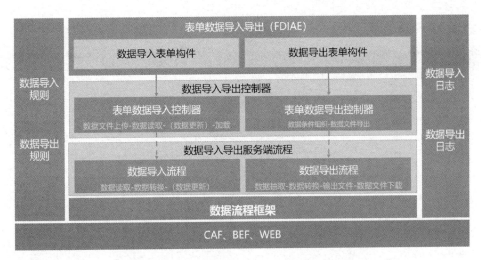

图 6-24　表单数据导入导出功能架构

表单数据导入导出功能具有以下特点：

（1）支持导入导出全流程的无缝插入，以满足其在各种复杂场景下的扩展；

（2）支持对多种文件格式及文件内容的灵活配置；

（3）支持用户自定义配置规则并可根据用户喜好进行导入导出；

（4）支持多场景模块的快速配置。

6.2.2　导入导出快速开发

本节以项目字典的导入导出场景为例，讲解"项目字典"页面数据与 Excel 表格中数据的快速导入导出。其内容包括下载导入模板，将模板中录入的数据直接导入数据库；单击"全部导出"按钮，导出表单的全部数据；单击"勾选导出"按钮，导出表单中勾选的数据；在导出时设置排序字段、导出格式等。以下为具体的实现步骤。

步骤 1：创建导入导出规则。

步骤 1.1：创建导入规则。

打开导入导出规则菜单，选择"项目维护"选项，单击"新增导入规则"按钮，如图 6-25 所示。

图 6-25   新增导入规则

选择对应的数据实体，配置导入规则，如图 6-26 所示。

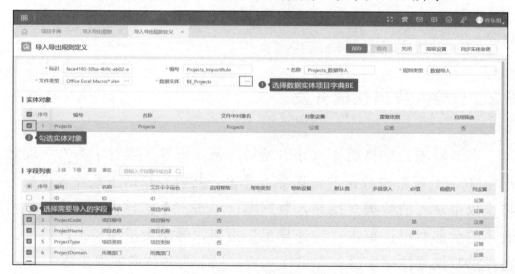

图 6-26   配置导入规则

单击"高级设置"按钮，在"数据导入高级设置"对话框中，将"数据更新设置"选项设置为"导入数据库"。单击"确定"按钮，保存规则，如图 6-27 所示。

图 6-27　保存规则

步骤 1.2：创建导出规则。

在导入导出规则菜单中，选择"项目维护"选项，单击"新增导出规则"按钮，如图 6-28 所示。

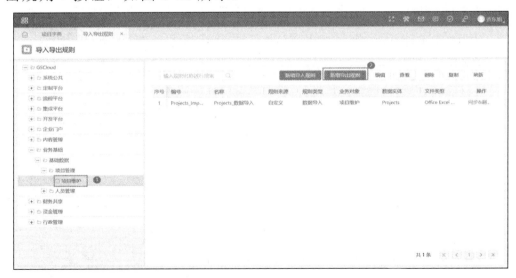

图 6-28　新增导出规则

选择对应的数据实体，配置导出规则，如图 6-29 所示。

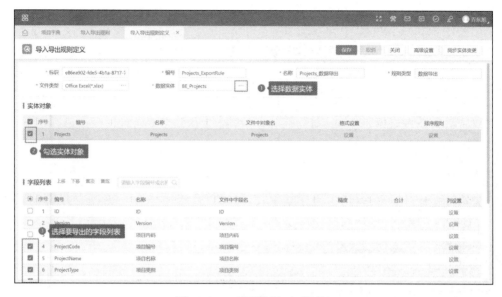

图 6-29　配置导出规则

选中实体对象，选择"格式设置"下的"设置"选项，在弹出的对话框中的"常规配置"中勾选"导出包含标题"选项，并填写相应的标题。同样地，设置"排序规则"，将"排序字段"的值设置为"项目金额"，"排序"的值设置为"降序"。

由于勾选掉了部分字段，因此需要重置表头，如图 6-30 所示。

图 6-30　重置表头

步骤 2：添加视图对象操作及 EApi

添加数据导入导出视图对象操作时，构件选择完成后会自动带出构件默认的编号名称，无须修改，直接保存即可，如图 6-31 所示。

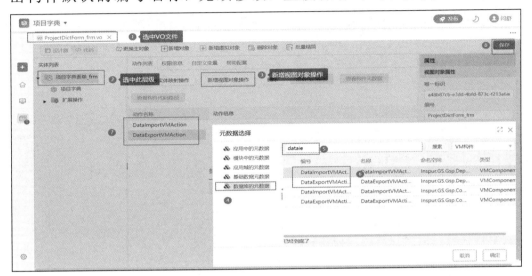

图 6-31　添加导入导出视图对象操作

勾选想要添加的数据导入导出 EApi 并保存，如图 6-32 所示。

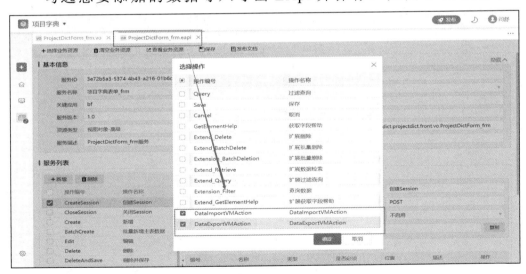

图 6-32　添加 EApi

步骤 3：在表单中编辑导入导出按钮。

在表单中编辑导入命令，信息填好后，单击"完成"按钮，如图 6-33 所示。

图 6-33　编辑导入命令

在表单中编辑导出命令，信息填好后，单击"完成"按钮，如图 6-34 所示。

图 6-34　编辑导出命令

配置"勾选导出"按钮，实现按照勾选的方式导出数据，如图 6-35 所示。

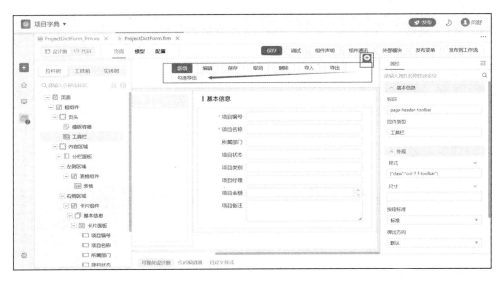

图 6-35　配置勾选导出按钮

"勾选导出"的规则 id 的设置方法与"全部导出"一样，如图 6-36 所示。此处将勾选导出其他参数的值设置为{"selectFilterGrid-Component": "data-grid-component"}。

图 6-36　勾选导出规则

步骤 4：发布。

保存表单，单击"发布"按钮。至此，本案例开发完成。

第三篇　建设案例与未来展望

第7章 行业应用案例

7.1 东方电气建设案例

7.1.1 建设背景

中国东方电气集团有限公司（简称"东方电气"）是全球较大的发电设备制造和电站工程总承包企业集团之一，是涉及国家安全和国民经济命脉的国有重点骨干企业之一。

东方电气作为国家重大技术装备国产化基地、国家级企业技术中心，具备大型水电、火电、核电、风电、太阳能发电、燃机等发电设备的开发、设计、制造、销售、供应及电站工程总承包能力。

1. 背景趋势

在数字化转型的浪潮下，东方电气积极开展数字化转型升级工作。近年来，电力装备制造业面临清洁能源发展加速、传统能源发展空间受挤压等能源结构深度调整带来的严峻挑战，这对电力装备制造业数字化转型升级提出了更高的要求。

为更好地迎接新时代发展的挑战，把握新时代发展的机遇，东方电气以我国经济社会数字化、智能化升级增效赋能为使命，以"一个平台、一套体系、一支队伍"为信息化建设策略，以浪潮企业级 PaaS 平台 iGIX 为内核，构建了东方电气自主可控的软件开发公共平台。通过低代码平台建设重塑东方电气的数字化核心力量，加快电力装备制造业的数字化转型步伐，以应对全球工业经济形势的深刻变化。

2．低代码平台建设的核心驱动力

东方电气的信息化建设已覆盖了生产计划、制造、销售、采购、库存及财务一体化等 130 余个核心业务系统，解决了全集团内部的资源整合问题。过去，其大部分业务系统采用烟囱式的建设模式，由各企业自建并独立部署，缺乏集团级的统一规划，而且技术架构不统一，开发标准、规范不统一，无法有效地发挥海量数据的价值，急需实现以数据驱动运营活动与管理决策为核心的数字化建设。其具体表现在以下几方面：

（1）过去不管是经营还是业务管理，其应用都由各二级单位根据自己的特色，通过 OA 系统定制开发、自主开发或者通过购买成熟的商品化软件来实现，并没有形成统一的开发平台、开发技术和开发标准，各种开发技术和开发语言都存在。由于开发技术的学习成本高，现有的运维工作任务重，因此各二级单位之间的开发者无法实现统一调配和使用，进而导致开发力量不能被共享，个性化、差异化需求的实现受限于专业软件厂商的服务，定制化开发效率低、门槛高，并难以整合和充分利用研发资源，需要统一的架构规范等问题。

（2）现行应用的个性化、差异化需求的满足度不高，而扩展开发或全定制化开发又带来了高额的成本、过长的建设周期等诸多困扰，且应用软件套件各自采用的技术路线、开发工具存在明显差异，定制扩展严重依赖于应用软件套件的提供商，使得公司 IT 部门在响应业务部门的需求方面受到了明显限制。此外，由于业务领域具有较强的专业性，导致应用软件的业务满足度及支撑能力容易出现瓶颈。资深业务专家及 IT 人员自然对本单位、部门的业务有深入的了解和广泛的经验，但是因缺乏有效的开发工具和模式，难以直接参与到应用系统的建设中。因此需要通过低代码平台实现定制化需求。

（3）过去的系统以单体应用架构为主，灵活度有限，资源动态利用率低，因此需要利用基于云原生架构的低代码平台支撑应用从单体向云化转型。集团目前在用的 130 余个业务系统，架构主要以单体架构为主，但单体架构体量大、升级更新周期长、没有专业的二次开发工具，难以适应业务需求的快速变化。此外，基于虚拟机技术的虚拟服务器比较笨重，难以实现对系统资源的弹性动态利用及业务负载变化的快速响应，造成系统资源动态利用率低。

（4）界面风格、操作习惯不统一。现行应用系统操作界面、操作习惯及操作风格等没有统一的规范，这些差异给一线使用人员带来了不便。随着互联网 ToC 产品对互联网交互体验的普及教育，使得一线使用人员对 ToB 软件的 UX 设计也提出了新的要求。传统的、严肃的产品设计已不能满足用户的需求。

（5）基于统一的开发规范，可以加强横向拉通数据的能力，实现端到端的流程、数据集成。在集团总部各单位信息化建设中，采用以自行建设为主的模式，其相对建设标准统一性不强，导致集团总部各部门及集团总部与各二级单位之间存在大量的系统"孤岛"，造成各业务系统横向不融合、数据难集成、信息难共享、业务难协同。

（6）基于统一的开发规范，可以加强纵向拉通数据的能力，强化集团对各部门、各二级单位的管控。受限于过去的建设模式和部署方式，上级管理层难以实时、准确地获取下级的业务信息，无法完全实现集团与各下级单位的上下联动、自动衔接，导致针对部分数据的反馈结果还要依靠人工电话进行确认，这种管理方式相对传统，导致管控不到位、风险防范能力弱。

因此，迫切需要基于业内专业、成熟、开放的低代码平台，建设东方电气软件开发公共平台，使其融合容器化、微服务、DevOps等先进技术，打造敏捷高效、弹性灵活、可持续交付的东方电气数字化研发体系，同时培养一支具备现代化软件开发、运维能力的人才队伍，完成自主开发、治理和运维，提高自主化服务水平，高质量地响应和支撑公司业务模式、组织架构的持续变革发展。

7.1.2　建设方案

为有效解决数字化转型的痛点问题，实现数字化转型的自主可控，东方电气开创性地提出了利用基于新一代云原生架构的低代码平台，打造"1个平台+1套体系+1支队伍"的数字化转型体系，构建国内领先、国际一流的软件开发公共平台，推动集团的数字化架构换代，充分共享和整合研发资源，提升业务一体化集成能力，提高软件开发效率和自主化服务水平。其打造的数字化转型体系旨在进一步重塑东方电气数字化转型的战斗力，全力保障支撑业务实现持续创新。其具体内容如下：

1个平台：以低代码开发平台为核心的软件开发公共平台，用于打造统一的办公门户、会议室管理系统、员工自主平台、科研管理平台、移动协同办公平台等。

1套体系：在软件开发公共平台的建设与深度应用的基础上，同步建立软件敏捷研发体系。通过梳理相关的微服务开发技术要求，应用交互设计标准、移动应用接入准则等标准体系，建立东方电气的现代化软件开发体系。

1支队伍：培养一支掌握新一代数字化技术，具有独立软件开发、运维能力的人才队伍，进而提升软件开发的自主能力，支撑东方电气的数字化转型。

东方电气打造的"1个平台+1套体系+1支队伍"的数字化转型体系，具备以下优点：

（1）建设低代码平台，提供全栈专业建模能力。基于低代码平台封装的东方电气软件开发公共平台，支持基于微服务架构的业务应用设计与开发。其能够提供针对业务应用的开发、构造、发布、部署等阶段的体系化、可复用的开发模板库。其封装屏蔽了底层技术实现，使应用开发聚焦在业务领域模型的设计与实现上，大幅提升了业务应用的开发效率，保障了应用实现的可复用性和质量。其主要用于建设流程、待办、消息、日志等统一公共服务以及基础门户平台、会议考勤等协同办公功能。

（2）搭建统一高效的研发体系。通过搭建统一高效的研发体系，其确保了实现的核心技术自主可控，完善了数据指标和标准体系，提升了数据综合分析与应用能力。同时，其梳理了相关的微服务开发技术要求、应用交互设计标准、移动应用接入准则等标准体系。

（3）打造设计理念、设计方法、技术实现一体化的用户体验体系。其面向前端，使用户体验基于先进的开发框架，同时使用成熟高复用的组件库，强调了设计和实现的一体化，能够保障应用开发落地的效率和质量。此外，其融合最新的设计趋势，应用先进的用户交互设计方法，结合业内最佳的产品实践和总结，建立了适用于东方电气应用的统一设计体系方法，提升了交互设计效能。

（4）提供专业、可持续的培训赋能体系，共建东方电气软件开发生态。其提供专业、可持续的培训赋能体系，并面向公司内部及外部伙伴的专业开发者提供云原生培训和认证机制，赋能内部、外部伙伴。其具有基于软件开发公共平台的统一技术标准、规范，能够高效地对应用软件套件的功能进行定制化扩展，具备快速响应和满足存在差异的应用需求的能力。

7.1.3　技术创新

东方电气数字化转型的技术创新主要体现在以下四方面：

（1）全栈开发支撑能力，实现无代码、低代码、硬编码的一体化协同开发。基于统一建模体系，横向拉通三套开发工具平台，对上层业务应用提供广泛、全面的开发支撑能力；面向专业开发团队、IT 人员、业务顾问和业务用户，提供支撑业务应用快速开发定制的一体化建模、开发工具，显著提升业务应用的开发效率，降低开发门槛，并缩短开发周期。

（2）基于业务持续沉淀架构，实现业务组件的可持续沉淀复用。持续沉淀、复用各种组件、构件，打造一批各业务系统都需要的公共服务（如附件管理、用户管理、流程引擎、消息引擎等），实现通过软件开发公共平台和公共服务快速搭建业务系统的目标。

（3）自研流程引擎，实现端到端的流程自动化。基于 BPMN2.0 技术规范，采用以业务流程为中心的设计方法，提供跨职能的业务活动的集成整合能力，实现业务流程各环节间广泛灵活的业务协同和整合。同时支持审批流、工作流、业务流等流程应用模式，实现端到端的流程自动化。

（4）创新合作模式，构建东方电气软件开发生态。通过构建东方电气软件开发公共平台，面向软件厂商和生态伙伴，提供研发体系标准和工具，让更多的人参与进来，共同推动平台的发展，构建东方电气软件开发生态。

7.1.4　建设效果

东方电气软件开发公共平台的建设，进一步简化了 IT 应用架构，提升了业务一体化集成能力，实现了简开发、敏迭代、开源开放的技术特性。其基于低代码进行快速开发，支撑了集团重点信息系统的建设，并基于开源开放原则，打造了业内的低代码开发标准，为吸引生态伙伴与东方电气进行合作创造了条件。其在支撑集团重点信息系统建设的同时降低了信息化建设的运维成本，快速响应了持续变化的业务需求与持续创新的业务模式。

于东方电气而言，搭建软件开发公共平台，不仅采购了一个简化软件开发的工具，而且支撑了云原生应用的快速开发，还开创性地建立了"1 个平台+1 套体系+1 支队伍"的数字化转型体系。从企业数字化转型顶层规划的视角来看，软件开发公共平台支撑了东方电气数字化转型的顶层设计思路和 IT 架构的落地，打破了集团与企业、企业与企业、部门与部门之间的信息壁垒，建立起全集团相互沟通协作的工作模式。平台的一体化带动了业务发展的无边界，以适应集团不断变化的业务需求，不断推进东方电气的建设与发展，使之成为具有全球竞争力的一流企业。

其建设效果主要体现在以下三方面。

（1）支撑集团重点信息系统建设。

围绕财务共享、采购管理、合同管理、科技管理、质量管理、销售管理、服务管理、行政办公等方面，利用软件开发公共平台统筹建设十大集团级信息管理系统，编制了符合集团管理要求、贴合业务实际的方案，在推动集团战略管控措施落实落地，提升集团数字化、智能化管理能力，促进企业规范管理、科学决策、风险防范等方面发挥积极作用。

（2）支撑统一办公门户项目。

软件开发公共平台项目建设期间，东方电气重构了办公门户关键应用（如工作联系单、内部邮件、用户反馈、会议管理、请假管理、公文管理、外出报备等），提升了日常工作效率；促进了一站式决策会议管理、审计过程管理、巡视整改监督、督办管理等系统的开发上线，提升了管理水平；实现了 PC 移动一体化，集团、供应商、客户一体化的全局一体化协同能力。

（3）引入第三方合作伙伴，构筑开发生态，实现联合开发。

基于平台提供的完善的、可持续的培训机制，形成了围绕东方电气的软件开发生态。通过联合伙伴的力量，完成了客户关系、智慧客服、一站式决策、审计管理、巡视管理、督办管理等信息系统的开发。

7.2 广州自来水建设案例

7.2.1 痛点及诉求

20 世纪 90 年代以来，广州市自来水有限公司（常简称"广州自来水"，以下简称"广水"）逐步沉淀了一批用于支撑企业内部资源管理的业务系统，涉及营业、生产、管网、水质、公关、招标、工程等业务，人力、财务、计划发展、综合办公等职能部门。广水业务复杂且庞大，涵盖了生产域、管网域、水质域等 26 个业务域（业务系统）。在过去的信息化建设中，由于多数系统由业务部门主导建设，往往缺乏统一的统筹规划，各系统之间衔接不足。各业务部门为满足自身业务需要，不断增加系统功能，导致相同的功能模块在不同系统中被重复建设，而且由于缺乏互联互通机制，导致重复建设的现象严重。此外，现有信息系统缺乏动态更新与持续改进规划，所以系统改造成本与难度也在增加。

近年来，信息技术日新月异，对广水智能化发展提出了更高要求。广水急需一个基于云原生架构，融合低代码、大数据、物联网、移动互联于一体的新一代企业级 PaaS 平台，用于支撑其进行复杂且庞大的业务系统重构，并支撑其进行数智化转型升级。广水秉承"中国制造"精神，借助云计算、大数据、物联网、移动互联网等创新技术和水务行业标杆企业的经验，实现对服务与数据两项功能的集中管理，推动生产调度、管网、营业三大核心业务能力水平提升，创建"服务、管理、技术"三项一流的"1233"规划战略，打造"天上有云（智慧供水云）、地上有格（供水网格管理）、中间有网（互联网+供水服务）"的供水服务管理新模式，全面实现供水行业的数字化转型。

7.2.2　建设方案

广水智慧水务建设项目包含了对硬件基础设施的建设和企业 IT 架构的全面升级。系统整体架构主要包含 IaaS（基础设施即服务）层、PaaS（平台即服务）层、SaaS（软件即服务）层，同时延伸至多端、用户、边缘设备。

IaaS 层由集群、宿主机集群、AI 服务器、存储集群及由云平台组成的云数据中心构成，是基于底层基础设施的硬件支撑资源，利用云技术实现资源池化管理。

PaaS 层由浪潮新一代企业级 PaaS 平台 iGIX 支撑建设，具体包括低代码平台、智能物联网平台、大数据平台、移动协同平台和集成平台等子平台，提供了一系列应用程序的开发和运行环境，实现对 SaaS 层智慧水务云应用、供水行业大数据和人工智能应用、智慧水务产业平台等 27 个业务域智慧应用全面运行的支撑。在应用部署层面，广水通过微服务部署模式，将复杂的业务域（如面向市民的营业域）应用拆分成 10 个独立运行、运维的微服务应用，部署在 100 多个部署点上，以保证高并发业务的持续运行。

SaaS 层包含工单域、党建域、安全域、审计域、营业域、生产域、管网域、水质域、全方位域等 27 个业务域，200 余个业务系统。系统展示与应用端包含 PC 端应用、移动端应用、公众号、小程序及智慧大厅。系统用户既包含了广水的内部用户，又包含了公司外部的用水用户。边缘层以物联网平台为中心业务系统，由物联网平台对设备数据接入、数据接出进行管理，同时为数据的接入接出提供标准，并基于实际业务需求对平台性能提出要求。

7.2.3 建设效果

基于浪潮 iGIX，利用物联网、大数据、移动协同等新一代信息技术，广水对生产、运营、综合管理等信息系统进行全面重构，打破了业务壁垒，消除了信息孤岛，实现了数据和流程的互联互通；通过平台的研发管理工具和自动化运维工具，构建统一高效的 IT 技术体系和智能化的运维能力，简化了应用发布流程，提升了 IT 运维管理效率，开创了智慧水务高质量发展的新时代，具体体现在以下几方面。

（1）物联网+大数据，实现从水源到用户的全过程监控和应急指挥。

基于浪潮 iGIX 的物联网+大数据能力，全面实现对 7000 多千米管网的水质、水压、水量的全过程实时监控，并部署了 70 多万个物联设备，每天收集 10 亿多条物联网数据，汇集了从水源到用户终端全过程的生产数据，并定制化开发出具备智能仿真、智能诊断、智能预警、智能处置、科学调配能力的生产营运管控体系，实现了对厂、站、网等设施的精细化管理。

（2）构建全渠道电子服务流程，提升对内效率，升级对外服务。

基于浪潮 iGIX 的低代码开发、移动协同平台能力，创新了"互联网+微客服"的服务模式，开拓了网上营业厅、微信公众号、小程序、自助服务终端等网络服务渠道，使广州市市民足不出户就可以办理查缴水费、打印电子发票、申请水质上门检测等业务。基于浪潮 iGIX，简化了与广东省政务服务平台、银行等多个服务渠道的集成流程，实现了 32 项数据与业务的互联互通，减少了人工线下服务压力，提升了用户体验和满意度，助力优化广州市营商环境。

（3）重塑 IT 管理体系，满足大规模分布式自动化运维需求。

基于浪潮 iGIX、DevOps、分布式补丁工具，实现了大规模分布式自动化运维，提升了 IT 运维管理效率。例如，以营业域为例，按照功能内聚度、运行稳定性要求，将整个应用拆分成 10 个独立运行、运维的微服务应用，在 100 多个节点进行部署，支撑了 233 万终端用户的线上业务办理需求，保障 7×24 小时市民用水业务响应，保证了高并发业务的持续运行。另外，通过自动化分布式运维工具，降低了运维操作的出错概率，使补丁更新效率提升了 70%以上。

第8章 低代码平台展望

8.1 环境与发展趋势

国家政策和整体环境共同促进了低代码技术的持续发展。国家及各省市"十四五"数字经济发展规划的加速落地，使数字经济成为国民经济增长的重要支撑。中国数字经济发展报告指出：我国数字经济将转向深化应用、规范发展、普惠共享的新阶段。中美贸易战背景下出台的创新产业扶持政策，使软件自主可控成了重要关注领域（海比研究院中国低代码/无代码市场研究报告）。牵住自主创新这个"牛鼻子"，提高数字技术基础研发能力，加强关键核心技术攻关，提升关键核心技术创新能力，是做强做优做大我国数字经济的关键举措之一。

在数字经济普惠共享的背景下，通过降低技术门槛重构企业组织形态，并推动资源要素快速流动，能够促进企业数字化需求更迭同步提速。低代码的出现为企业数字化发展注入了新动能，使技术资源从 IT 部门向业务部门扩展，连通企业内各系统数据，挖掘数据价值，缩短敏感业务需求响应时间，满足企业碎片化的开发需求，激活了企业的活力和创新力。

纵观低代码开发的发展历程，2015 年，微软、谷歌等巨头公司入局；2018 年，美国原生代低代码应用开发厂商 Mendix 被西门子收购，其曾被 Gartner 评为低代码应用开发平台的全球领导者之一；2019 年，西门子将低代码 Mendix 与工业互联网 MindSphere

平台进行结合，加速了工业互联网的落地，实现了数据的互联互通。2019 年起，低代码成为我国 ICT 产业中最明显的增量市场。2021 年，钉钉 6.0 发布会再次引燃低代码市场。2023 年 3 月，微软发布 Power Platform Copilot，引领 AI 生成式低代码应用开发新时代。

低代码平台正在改变传统的应用开发方式，为企业提供了更快、更灵活的解决方案。然而，面对技术限制、安全挑战和生态建设等问题，低代码平台仍需不断创新和完善。随着 AI、无代码技术的发展，低代码平台的未来充满了无限可能。无论是开发者还是企业，都应抓住这一机遇，共同推动数字化转型的进程。

8.2　低代码技术推动技术融合

低代码技术能够推动技术融合，激发更大的能量。云计算、大数据、人工智能、RPA、物联网、智能制造等新技术蓬勃发展，在不同技术之间尝试技术融合往往能带来意想不到的惊喜。

机器人流程自动化（RPA）技术可以与 AI 技术结合，将光学字符识别（OCR）、自然语言处理（NLP）、机器学习（ML）、分段路由（SR）、自然语言生成（NLG）等诸多主流人工智能技术运用到 RPA 技术中，使得非结构化的数据业务流程也能实现自动化。在引入低代码技术后，利用其高度封装的特点，简化了复杂的应用配置过程，极大降低了 AI 自动化业务流程的开发难度。

一家名为 Sway AI 的初创公司推出了一个拖放式平台，其使用开源 AI 模型帮助新手、中级和专家用户实现低代码和无代码开发。该公司声称，其能使组织更快地将包括智能工具在内的新工具部署到生产环境，同时促进用户之间的协作，高效地扩展和集成新兴的数据功能。该公司目前已经针对医疗保健、供应链管理及其他领域的专门使用场景定制了通用平台。

低代码平台、RPA 和 AI 各有特色，将这些技术进行融合将变成发展趋势，它们能使开发工作更方便、快捷、迅速。低代码技术、RPA 技术与 AI 技术的组合会更加智能，是企业和个人提高工作效率、发挥更大价值的专用工具。将其应用到业务场景中，可促进企业经营更加自动化、智能化，并进一步推动企业数字化转型。

近年来，物联网技术的市场规模正在飞速扩张，因其具有巨大的潜力，所以成为当今经济发展和科技创新的战略制高点，成为各个国家构建社会新模式和重塑国家长期竞争力的先导。在我国，物联网自 2010 年被写入《政府工作报告》后，发展物联网被提升到了国家战略高度。国家"十三五"规划纲要明确提出"发展物联网开环应用"，将致力于加强通用协议和标准的研究，推动物联网不同行业不同领域应用间的互联互通、资源共享和应用协同，通过开环应用示范工程推动集成创新，总结形成一批综合集成应用解决方案，促进传统产业转型升级，提高信息消费和民生服务能力，提升城市和社会管理水平。"十四五"时期，经济社会要以推动高质量发展为主题，数字经济是推动供给侧结构性改革和经济发展质量变革、效率变革、动力变革的重要力量，而物联网作为行业数字化转型的重要一环势必将成为整个社会数字经济发展的核心动能。

低代码技术通过少量代码就可以快速生成应用程序，其不仅提供了终端用户易于理解的可视化工具，使用户可以方便地利用这些工具来开发自己的应用程序，而且提供了针对不同硬件和操作系统进行开发和维护的运行引擎，使平台上生成的应用程序可以运行在相应硬件的引擎上，进而实现在主机、移动终端、物联终端等多个平台上进行部署。

低代码技术与物联网的结合打通了数字世界与现实世界的信息壁垒，加强了物联互通，对制造业领域具有极大价值。低代码技术与各种新技术的结合是提高工作效率、提高产品价值的重要手段，低代码技术与 RPA、AI、物联网等前沿科技深度融合，必将带来全新的开发体验。

8.3　低代码技术向全栈化延伸

企业使用低代码技术能提升业务系统的开发效能和质量，解决企业 IT 技术与业务需求快速变化之间的矛盾，加速企业的数字化转型。为应对企业的需求变化，利用低代码技术实现一体化开发与服务能力将是必然的发展方向。企业数字化建设涉及需求、设计、开发、测试、实施、运维等多个环节，具有一体化协同设计能力的全栈低代码平台能实现人员协同、过程协同、管理协同等多种高效协同模式，贯通研发产品的全过程。研发人员可以跨时间、跨空间，随时随地参与研发，进一步节省企业资源。业务人员可以打破沟通壁垒，与研发人员在线精准协作，高效沟通，使产品更贴近应用场景。能够实现云研发、云协同、云共享、云应用的软件全生命周期的云低代码平台，将成为低代码行业的标杆。

8.4　低代码应用场景全面开花

面对行业的激烈竞争，企业为了迅速整合开发资源，实现快速迭代交付软件产品，纷纷开始尝试敏捷开发。低代码技术与敏捷开发方法有许多共同之处，借助低代码技术，简化敏捷开发流程，将进一步解放生产力。低代码技术极大地降低了开发软件的技术门槛，使得业务专家作为平民开发者也可以参与到软件开发过程中，业务专家能够充分发挥创造力，自行研发贴近业务场景的企业信息化应用，进一步提升企业应用的敏捷度、响应力、创新力。对于需要深度编码的业务场景，业务专家可以与低代码软件工程师在统一的低代码平台下高效协同，由软件工程师为业务专家补充专业代码，实现深度编码业务。

在信息化时代，企业通过建立各类系统，成功实现了产业信息化。对于大型企业来说，各系统间往往存在难以打破的壁垒，其内部数据流通不畅，容易形成信息孤岛。低代码技术作为打通信息孤岛的桥梁，能为各系统建立连接，疏导内部数据的流通，为企业夯实围绕数据打造创新性应用的基础。在此基础上，业务专家借助低代码技术提供的低门槛创建应用的能力，能够实现创新的低代码应用，并使其在企业内的多场景下全面开花。

8.5　低代码平台与大模型深度融合

随着技术的不断发展，低代码平台和大模型（如 GPT-4 等）的深度结合将为软件开发带来深远的影响。

1. 自动化开发与智能建议

低代码平台本身已经简化了开发过程，允许用户通过拖曳组件和可视化界面来构建应用程序，而引入大模型可以进一步增强这一能力，具体体现在以下三方面：

（1）代码生成和补全：大模型可以根据用户的自然语言描述自动生成代码片段或在用户编写代码时提供智能补全建议，大幅减少手工编码的工作量。

（2）模板和组件推荐：根据用户的项目需求和上下文，大模型可以智能推荐适用的模板和组件，帮助用户快速构建符合需求的应用模块。

（3）错误检测与修复：大模型能够实时分析代码，发现潜在的错误或不完善之处，并提供修复建议，进而提升代码质量和可靠性。

2．自然语言处理与业务逻辑实现

大模型在自然语言处理方面的优势，使得用户可以通过更自然的方式与低代码平台进行交互，具体体现在以下两方面：

（1）业务需求转化：用户可以直接用自然语言描述业务需求，大模型能够理解这些描述并将其自动转化为相应的业务逻辑或应用流程，降低了非技术人员参与开发的门槛。

（2）智能对话界面：开发者可以通过对话界面与平台进行互动，向大模型询问如何实现特定的功能或解决特定的问题，并得到实时指导和帮助。

3．数据处理与分析能力提升

低代码平台与大模型进行结合可以显著增强数据处理和分析能力，具体体现在以下两方面：

（1）数据建模与清洗：大模型能够自动识别数据中的模式和异常，提供智能的数据建模和清洗方案，使得数据准备过程更加高效和准确。

（2）高级数据分析：用户可以通过自然语言向大模型提出复杂的数据分析需求，大模型能够理解并执行这些分析任务，最终生成洞察结果和报告。

4．个性化与自动化定制

结合大模型的低代码平台，可以实现更高程度的个性化和自动化定制，具体体现在以下两方面：

（1）用户行为分析：通过分析用户的使用行为和偏好，大模型可以自动调整和优化平台的界面和功能配置，以提供个性化的用户体验。

（2）智能化工作流：大模型可以根据用户的操作习惯和业务流程，自动生成和优化工作流，减少人为干预，提高工作效率。

5. 安全与合规性增强

大模型在处理复杂规则和规范方面的能力，可以使低代码平台具备更好的安全与合规性，具体体现在以下两方面：

（1）实时安全监控：大模型可以持续监控应用的运行状态，识别和预防潜在的安全威胁，确保应用的安全性。

（2）合规性检查：在开发过程中，大模型可以根据行业标准和法规，自动检查代码和配置的合规性，提示并修正不合规的部分。

低代码平台与大模型进行深度融合后可用于以下实际应用场景：

（1）企业应用开发。企业可以利用低代码平台快速构建内部管理系统、CRM、ERP 等应用。大模型可以用来进一步加速从需求到功能的转化过程，缩短开发周期。

（2）个性化电商平台。电商平台可以通过大模型分析用户行为，自动调整产品推荐和界面布局，提供个性化的购物体验，并通过低代码工具快速实现这些调整。

（3）智能客服系统。利用大模型的自然语言理解能力，低代码平台可以快速搭建智能客服系统，支持多渠道客户交互，并实时提供问题解决方案。

（4）数据驱动的决策支持。在数据密集型行业，如金融和医疗，低代码平台结合大模型，可以快速开发数据分析和预测工具，帮助企业和机构做出更明智的决策。

　　低代码平台与大模型的深度结合，将显著提升软件开发的智能化和自动化水平。通过减少手工编码工作、增强自然语言处理能力、提升数据处理与分析能力并提供个性化定制和安全保障，使企业能够更快、更高效地开发和部署应用，从而在竞争中保持优势。这种结合不仅降低了技术门槛，而且促进了技术与业务的深度融合，推动了整个行业的创新与发展。